工程测量学实践与新技术综合应用

张文君　刘成龙　主编

U0197649

科学出版社
北京

内 容 简 介

本书分为两篇。第一篇详细介绍"工程测量学"课程中 11 个基本实验的实施过程并列出相应实验思考题,这 11 个实验分别是:全站仪的使用、施工放样的基本方法、建筑方格网的建立、建筑物轴线放样、圆曲线测设、综合曲线测设、用全站仪(坐标法)测设圆曲线、线路中线测量及线路的纵、横断面测绘、道路坡度线放样、RTK 的使用和建筑物沉降变形观测;第二篇阐述测量新技术在高铁、滑坡监测、大型桥梁施工测量、地铁工程安全全自动监测等大型施工项目中的综合应用。

本书可作为测绘类本、专科生及研究生的实践教材和参考书,也可作为从事高铁、地铁隧道、大型桥梁、GPS 滑坡监测等工程建设的工程测量人员的技术参考书。

图书在版编目(CIP)数据

工程测量学实践与新技术综合应用 / 张文君,刘成龙主编. —北京:科学出版社,2015.4 (2019.2 重印)
 ISBN 978-7-03-043912-3

Ⅰ.①工⋯ Ⅱ.①张⋯ ②刘⋯ Ⅲ.①工程测量-教材 Ⅳ.①TB22

中国版本图书馆 CIP 数据核字 (2015) 第 055151 号

责任编辑:张 展 李 娟 / 责任校对:陈 靖
责任印制:余少力 / 封面设计:墨创文化

科学出版社出版
北京东黄城根北街16号
邮政编码:100717
http://www.sciencep.com

成都锦瑞印刷有限责任公司印刷
科学出版社发行 各地新华书店经销
*
2015 年 3 月第 一 版 开本:B5 (720*1000)
2019 年 2 月第四次印刷 印张:8.25
字数:150 千字
定价:29.00 元

《工程测量学实践与新技术综合应用》编委会

主　编

张文君（西南科技大学）　　　　　刘成龙（西南交通大学）

编委会成员（排名不分先后）

王卫红（西南科技大学）　　　　　谢劭峰（桂林理工大学）

段祝庚（中南林业科技大学）　　　戴小军（西南石油大学）

王化光（西南交通大学）　　　　　熊助国（东华理工大学）

秦岩斌（成都理工大学）　　　　　冯　晓（重庆交通大学）

肖荣健（西南科技大学）　　　　　王崇倡（辽宁工程技术大学）

孔维华（山东理工大学）　　　　　程　钢（河南理工大学）

姜　刚（长安大学）　　　　　　　郭丰伦（山东理工大学）

兰孝奇（河海大学）　　　　　　　郑　毅（云南国土资源职业学院）

杨国强（西南科技大学）　　　　　杨艳梅（西南石油大学）

刘向铜（东华理工大学）　　　　　宋宜荣（青海大学）

江　畅（南京邮电大学）　　　　　于　洋（滁州学院）

张乐春（青海大学）　　　　　　　王德军（河北工业大学）

宋　韬（中国民航飞行学院）　　　索俊峰（西北民族大学）

王贵文（山西师范大学）　　　　　宋怀庆（西南科技大学）

赵政权（云南国土资源职业学院）　许辉熙（四川建筑职业技术学院）

汪仁银（四川水利职业技术学院）　周小莉（四川水利职业技术学院）

韩　鹏（四川省成都铁路工程学校）张惠鑫（成都师范学院）

郭一江（西南科技大学城市学院）

前　　言

　　"工程测量学"是理论性和实践性都很强的专业课程，工程测量实践是该课程至关重要的教学环节，通过实践不仅能验证基本理论知识，也能培养学生的实践动手能力和实验设计能力，使学生运用所学理论知识，根据具体情况，按照不同的要求设计方案，运用适当的工程测量手段完成任务，更重要的是锻炼学生灵活运用所学测绘专业知识，解决工程建设实践中测量问题的能力，使学生真正达到理论与实践相结合的能力标准。

　　为了改革工程测量课程实践教学以及更好地反映大型工程在测量工作方面的最新发展，由西南科技大学环境与资源学院张文君教授和西南交通大学刘成龙教授倡导策划，组织全国二十多所高校参与编写了与"工程测量学"课程配套的实践教材《工程测量学实践与新技术综合应用》。本教材获"西南科技大学本科教材建设基金"资助。

　　该书分为两篇，第一篇紧扣目前工程测量学的实际情况，详细介绍如何使用数字水准仪、全站仪、GPS进行常规工程测量工作，让学生循序渐进地掌握工程测量的基本技能；第二篇针对高铁、滑坡监测、大型桥梁施工测量、地铁工程安全全自动监测等大型施工项目，叙述如何将测绘新技术综合应用于以上领域，安全、高效地完成相关精密测量工作，便于读者全面把握大型工程测绘工作的整体流程和实施。本书不仅可作为测绘类本、专科生及研究生的实践教材和参考书，也可作为从事高铁、地铁隧道、大型桥梁、GPS滑坡监测等工程建设的工程测量人员的技术参考书。全书由张文君教授统稿。

　　本书编写过程中，参阅了大量文献，并引用了其中一些资料，为此谨向有关作者表示衷心感谢！

　　受学识所限，本书有不妥之处，还望广大同仁不吝赐教。

目　　录

第一篇　工程测量学实践指导

第一章　工程测量学实践须知

"工程测量学"是测绘学科的一门专业课程，是实践性很强的综合性课程。工程测量学实践是教学环节中不可缺少的环节，只有通过实际的仪器操作、计算、观测、记录以及实践报告编写等，才能巩固课堂所学的基本理论，掌握工程测量学的基本技能和基本方法。因此，对工程测量学实践必须予以重视。

一、准备工作

(1)工程测量学实践之前，必须认真阅读本篇的实践指导，并复习教材中的有关内容，以了解实践目的、要求、方法、步骤和有关注意事项。

(2)按实践指导提出的要求，实践前准备好所需仪器工具，安排好人员分工。

二、实践基本规定

(1)实践分小组进行，组长负责组织和协调实践工作，办理仪器工具的借领和归还。

(2)工程测量学实践是需要小组成员各施其责、协作完成的教学实践活动。对实践规定的各项内容，每个小组成员均应轮流担任不同的工作。实践结束后，实践报告应独立完成。

(3)实践应在指定的地点和规定的时间内完成。未经允许，不得擅自改变实践地点，不得无故缺席、迟到、早退。

(4)实践领用、归还仪器，必须遵守实验室的管理规定。

(5)实践中出现仪器故障、工具损坏和丢失等情况时，必须及时报告指导老师，不得随意自行处理。

(6)实践过程中，必须听从指导老师安排，注意人身和设备安全，实践的具体操作按要求、步骤进行，以保障实践的顺利完成。

（7）实践结束时，观测记录和实践成果经指导老师检查并认可后，方可收拾和清洁仪器工具，归还实验室。

三、测量仪器工具的领取与使用

测量仪器一般都比较贵重，对测量仪器的正确使用、精心爱护和科学保养，是测量人员必须具备的素质和应该掌握的技能，也是保证测量成果质量、提高测量工作效率和延长仪器使用寿命的必要条件。因此，在仪器的领取、开箱、装箱、安装、使用以及搬迁过程中都必须遵守以下规定：

1. 仪器工具的借用

（1）以小组为单位，凭学生证前往测量实验室借领测量仪器工具，每次实践所用仪器工具均已在实践指导中注明。

（2）借领时，应确认与实践所需仪器工具是否相符、仪器工具是否完好、仪器背带和提手是否牢固。如有缺损，立即补领或更换。

（3）仪器搬运前，应检查仪器箱是否锁好；搬运时，应轻拿轻放，避免剧烈震动和碰撞。

（4）仪器工具均有编号，实践过程中各组应妥善保护各自的仪器工具，不得任意调换。

（5）实践结束后，应清理仪器工具上的泥土，及时收装仪器工具，送还实验室检查。仪器工具如有损坏和丢失，应写出书面报告说明情况，并按有关规定给予赔偿。

2. 仪器的开箱

（1）仪器箱应平放在地面上或其他平台上才能开箱，不要托在手上或抱在怀里开箱，以免不小心将仪器摔坏。

（2）开箱后未取出仪器前，应注意仪器的安放位置和方向，以免使用完毕后装箱时，因安放位置不正确而损坏仪器。

（3）仪器在取出前一定要先松开制动螺旋，以免取出仪器时因强行扭转而损坏制动、微动装置，甚至损坏轴系。

3. 仪器的安装

（1）根据观测者的身高，调节好三脚架三条腿的长度，然后把固定螺旋拧紧，防止因螺旋未拧紧导致脚架自行收缩而损坏仪器，亦不可用力过猛而造成螺旋滑丝。

（2）架设三脚架时，三条腿分开的跨度要适中。并得太拢，则不稳定容易被碰倒，分得太开则容易滑倒，都会造成事故。若在斜坡地上架设三脚架，应使两条腿在坡下（可稍放长），一条腿在坡上（可稍缩短），这样安放比较稳当。若在光滑地面上架设三脚架，要采取安全措施（如用小细绳将三脚架连接起来），防止三脚架向外滑动。

（3）三脚架在地面上安置好后，架头应大致水平，架头中心应大致与地面测站点对中。若地面为泥土地面，应将脚架尖踩入土中，防止仪器下沉。

（4）从仪器箱取出仪器时，一手握住照准部支架，另一手扶住基座，将仪器轻轻安放到三脚架头上；然后一手仍握住照准部支架，另一手将中心连接螺旋旋入基座底板的连接孔内。

（5）从仪器箱取出仪器后，要随即将仪器箱盖好，以免沙土杂草进入箱内。塑料仪器箱较薄，不能承重，因此禁止坐、踩仪器箱。

4. 仪器的使用

（1）在任何时候，仪器必须有人看管，防止仪器被无关人员搬弄和行人车辆碰损。

（2）在野外观测时必须撑伞，防止烈日暴晒和雨淋（包括仪器箱等）。

（3）取仪器和使用仪器过程中，要注意避免触摸仪器的目镜和物镜，以免玷污镜头，影响成像质量。

（4）如遇目镜、物镜蒙上水汽而影响观测（在冬季较常见），应用专用镜头纸轻轻擦去，严禁用手指或手帕等物擦拭，以免损坏镜头上的药膜。

（5）转动仪器照准部时，应先松开制动螺旋，然后平稳转动，切不可在制动旋紧的情况下，用力转动仪器照准部。

（6）使用微动螺旋时，应先旋紧制动螺旋，但不能用力过大或动作太猛，应用力均匀，以免损伤螺旋。

（7）微动螺旋和脚螺旋不要旋到顶端，宜使用中段部分。

（8）仪器发生故障时，应立即停止使用，并及时向指导老师报告，不得擅自处理。

（9）电子类仪器的充电、保管、使用等各个环节，都必须严格遵守相关规定。不得随意删除内存数据，不得随意更改仪器参数。（若需删除数据，应咨询指导教师；若更改仪器参数，应在仪器交还前恢复其常规设置。）

5. 仪器的搬迁

（1）远距离迁站或通过行走不便的地区时，必须将仪器装箱后再迁站。

（2）平坦地区近距离迁站时，可将仪器连同脚架一同搬迁。但要注意先检查连接螺旋是否旋紧，然后松开各制动螺旋使仪器保持初始位置（经纬仪、全站仪望远镜物镜对向度盘中心，水准仪物镜向后），再张开三脚架，双手各抓住一条三脚架腿，将三脚架置于右肩上，扛起稳步行走。

(3)严禁将三脚架收拢后，横扛在肩上行走，以防碰坏仪器。

(4)迁站前应仔细清点所有的仪器、工具和资料，防止物品丢失。

6. 仪器的装箱

(1)仪器使用完后，应及时清除仪器上的灰尘和仪器箱、脚架上的泥土，套上物镜盖。

(2)仪器拆卸时，应先松开各制动螺旋，将脚螺旋旋至中间部位，再一手握住照准部支架，另一手将中心连接螺旋旋开，双手将仪器取下。

(3)仪器装箱时，使仪器位置正确，试关箱盖确认放妥后，再拧紧各制动螺旋，检查仪器箱内的附件是否缺少，然后关箱上锁。若箱盖合不上，说明仪器位置未放置正确或未将脚螺旋旋至中段，这时应重放，切不可强压箱盖，以免压坏仪器。

7. 测量工具的使用

(1)各种标尺和花杆应注意防水、防潮和防止横向受力。不用时安放稳妥，不得用来垫坐，不要随意将标尺和花杆往树上或墙上立靠，以防滑倒损坏或磨损尺面。塔尺在使用时应注意接口处的正确连接，用后及时收尺。

(2)在通视困难的情况下，棱镜杆应拉出伸长，使用后应立即收回，不可全部拉出后横扛着走。

(3)小件工具如垂球、测钎和尺垫、钢卷尺、皮尺等，使用完即收，防止遗失。

四、测量记录与计算规则

测量记录是外业观测成果的记载和内业数据处理的依据，在观测记录、计算时必须严肃认真、一丝不苟，其应遵守的规则如下：

(1)实践记录必须直接填在规定的表格内，不得用零散纸张记录、计算，再进行转抄。

(2)凡记录表格上规定应填写的项目不得空置。

(3)观测者读数后，记录者应立即回报读数，经核实后再记录。

(4)所有记录、计算均用绘图铅笔(2H 或 3H)记载，字体应端正清晰、数字齐全、数位对齐，字脚靠近底线，字体大小一般应略小于格子的一半，以便留出空隙改错。

(5)记录数据的小数位虽然视测量等级而不同，但应规范。表示精度或占位的"0"均不能省略，如：水准尺读数 1.4 应读记为 1.400，角度读数 96°4′0″应读记为 96°04′00″。

(6)原始记录禁止擦拭、涂抹，修改读记(非尾数)错误时，则将错误数字用横线划去，将正确数字写在原数上方，并在备注栏注明原因(如测错、记错)；观测数据的尾数部分不准更改，应将错误的记录划去。

(7)废除记录时，其整个部分用斜线划去，但不得使原数字模糊不清，并在备注栏注明原因(如超限、碰动仪器等)。

(8)禁止连续更改，如角度测量中的盘左、盘右读数、距离测量的往、返测读数、水准测量的红黑面读数等，均不能同时更改，否则重测。

(9)数据的计算应根据所取的位数，按"4舍6进，5前奇进偶不进"的规则进行凑整。

(10)每测站观测结束后，必须在现场完成规定的计算和检核，确认无误后方可搬站。

五、工程测量学实践教学成绩评定方法

1. 评定项目

(1)观测前检查仪器；
(2)记录整齐、干净并符合规定要求，估读准确，计算无误；
(3)外业观测成果符合规定要求，严格按照仪器设备的技术操作程序作业，动作规范。

2. 内业计算

(1)按时完成各种内业放样数据计算，计算正确无误；
(2)字体工整、干净；
(3)误差符合规定要求。

3. 基本放样

(1)放样基本方法、建筑方格网的建立、建筑物轴线放样步骤正确；
(2)外业放样结果的各项误差符合《规范》规定的限差要求；
(3)在规定时间内完成实践。

4. 曲线放样

(1)外业作业步骤正确；
(2)外业放样结果的各项误差符合《规范》规定的限差要求；
(3)在规定时间内完成实践。

5. 线路中线及纵、横断面测量

(1)各案选择正确、合理、可行；

(2)线路中里程测设、高程及纵、横断面测量的各项误差符合《规范》要求；

(3)绘制的纵、横断面图符合《规范》要求；

(4)按时完成实践任务。

6. 实践报告

(1)内容全面、字迹工整；

(2)爱护仪器和工具；

(3)遵守实践纪律；

(4)实践报告文理通顺、结论明确。

实践报告是实践的成果整理和个人实践情况的总结。实践报告中既要包括外业记录表格、内业计算资料，又要有理论上的综合分析。故在整个实践过程中要注意保存和积累资料，做完一项及时整理一项。一般来说，实践报告应分为前言(实践目的、任务、概况等)、正文(实践过程)、结束语(收获、心得体会、意见和建议)三部分。

第二章　全站仪的使用

第一节　概　　述

一、实践目的与要求

(1)熟悉全站仪各个功能键的作用；
(2)熟悉全站仪的各项功能；
(3)掌握全站仪放样功能。

二、仪器和工具

全站仪一台、脚架一个、棱镜一个、棱镜杆一个、皮尺(钢卷尺)一卷。

第二节　实　践　过　程

随着现代科学技术的发展和计算机的广泛应用，一种集测距装置、测角装置和微处理器为一体的新型测量仪器应运而生。这种能自动测量和计算，并通过电子手簿或直接实现自动记录、存储和输出的测量仪器，称为全站型电子速测仪，简称全站仪。全站仪是数字测图中常用的数据采集设备，分为分体式和整体式两类。分体式全站仪的照准头和电子经纬仪不是一个整体，进行作业时将照准头安装在电子经纬仪上，作业结束后卸下来分开装箱；整体式全站仪是分体式全站仪的进一步发展，照准头和电子经纬仪的望远镜结合在一起，形成一个整体，使用起来更为方便。对于基本性能相同的各种类型的全站仪，其外部可视部件基本相同。全站仪主要由五个系统组成：控制系统、测角系统、测距系统、记录系统和通信系统。全站仪组成及各系统间关系如图2.1。

一、全站仪各部件名称

由于全站仪生产厂家不同，全站仪的外形、结构、性能和各部件名称略有区别，但总的来讲是大同小异，为了说明问题，这里以南方 NTS362R 电子全站仪为例。其基本功能如下：

(1)测角功能：测量水平角、竖直角或天顶距；

(2)测距功能：测量平距、斜距或高差；

(3)跟踪测量：即跟踪测距和跟踪测角；

(4)连续测量：角度或距离分别连续测量或同时连续测量；

(5)坐标测量：在已知点上架设仪器，根据测站点和定向点的坐标或定向方位角，对任一目标点进行观测，获得目标点的三维坐标值；

(6)悬高测量：可将反射镜立于悬物的垂点下，观测棱镜，再抬高望远镜瞄准悬物，即可得到悬物到地面的高度；

(7)对边测量：可迅速测出棱镜点到测站点的平距、斜距和高差；

(8)后方交会：仪器测站点坐标可以通过观测两坐标值存储于内存中的已知点求得；

(9)距离放样：可将设计距离与实际距离进行差值比较迅速将设计距离放到实地；

(10)坐标放样：已知仪器点坐标和后视点坐标或已知仪器点坐标和后视方位角，即可进行三维坐标放样，需要时也可进行坐标变换；

(11)预置参数：可预置温度、气压、棱镜常数等参数；

(12)测量的记录、通信传输功能。

以上是全站仪所必须具备的基本功能。当然，不同厂家和不同系列的仪器产品，在外形和功能上略有区别，这里不再详细列出。

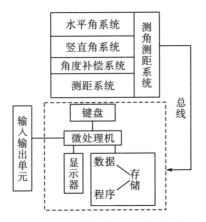

图 2.1　全站仪组成及各系统间关系

二、全站仪操作步骤

1. 测站安置仪器

在测站上将仪器进行整平、对中，其具体做法与常规仪器的整平、对中工作相同。

2. 打开电源

将开关打开，显示屏显示，所有点阵发亮，几秒后即可进行测量。

3. 设置垂直零点

松开望远镜制动螺旋将望远镜上下转动，当望远镜通过水平线时，将指示出垂直零点，并显示垂直角。

4. 仪器参数设置

(1)按★键进入设置模式；
(2)按【MENU】键设置反射体类型：棱镜、免棱镜、反射片；
(3)按【F4】键设置棱镜常数：0.0、15.0、30；
(4)同样按【F4】设置温度和气压改正：一般设置温度为标准温度20℃，气压设置为1013hPa。

5. 设置度盘初始值

在屏幕右方按【ANG】键进入角度测量模式，可先照准定向目标，然后按【F1】对应的"0SET"键设置度盘初值为0度。也可用水平制动和微动螺旋转动全站仪使其水平角为要求的值，用"HOLD"键锁定度盘，再转动照准部瞄准定向目标，第二次用"HOLD"键解锁，完成初始设置。

6. 照准待测目标进行水平角和距离测量

选择【DIST】或【CORD】完成距离或坐标测量，完成测量后全站仪将根据用户的设置在屏幕上显示测量结果。

7. 放样过程

(1)选取两个已知点，一个作为测站点，另外一个为后视点，并明确标注；
(2)取出全站仪，将仪器架于测站点，进行对中整平后量取仪器高；
(3)将棱镜置于后视点，转动全站仪，使全站仪十字丝中心对准棱镜中心；

（4）开启全站仪，按【MENU】键进入程序界面，选择"坐标放样"，进入坐标放样界面，选择"设置方向角"，进入后设置测站点点名，输入测站点坐标及高程，确定后进入设置后视点界面，设置后视点点名，确认全站仪对准棱镜中心后输入后视点坐标及高程，点确定后弹出设置方向值界面并选择"是"，设置完毕；

（5）进入设置放样点界面，首先输入仪器高，确定后输入放样点点名，再确定后输入放样点坐标及高程，完成确定后输入棱镜高，此时放样点参数设置结束，开始进行放样；

（6）在放样界面选择"角度"进行角度调整，转动全站仪将 dHR 项参数调至零，并固定全站仪水平制动螺旋，然后指挥持棱镜者将棱镜立于全站仪正对的地方，调节全站仪垂直制动螺旋及垂直微动螺旋使全站仪十字丝居于棱镜中心，此时棱镜位于全站仪与放样点的连线上，接着进入距离调整模式。若 dHD 值为负，则棱镜需向远离全站仪的方向走，反之向靠近全站仪的方向走，直至 dHD 的值为零时棱镜所处的位置即为放样点，将该点标记，第一个放样点放样结束。然后进入下一个放样点的设置并进行放样，直至所有放样点放样结束；

（7）退出程序后关机，收好仪器装箱，放样工作结束。

第三节　思　考

（1）何为全站仪？全站仪主要能够完成什么测量工作？

（2）简述全站仪的安置方法。

（3）为什么在测距时测量气压和温度？

（4）为什么每次测出的数值会有差异？

（5）什么是固定误差和比例误差？

第三章 施工放样的基本方法

第一节 概 述

放样与测图相反，它是将设计的建筑物或构筑物的位置、形状、大小与高低在实地上标定出来。

一、实践目的与要求

(1)正确理解测设与测定，熟悉测设的工作过程；
(2)掌握施工放样的各种方法，并能根据实际情况，正确地选择放样方法。

二、仪器和工具

J6(或J2)经纬仪、30m(或50m)钢尺、S3水准仪、水准尺、测钎、花杆、记录板、测伞、白纸、铅笔、三角板、计算器、草稿纸等。

第二节 实 践 过 程

基本的施工放样包括角度放样、距离放样、点位放样、轴线法放样、交会法放样、高程放样。

一、角度放样

如图3.1所示，A、B为实地上的两个已知点，已知$\angle BAP_1 = \beta_1 = 45°20'30''$，$\angle BAP_2 = \beta_2 = 15°30'30''$，试用直接放样法和归化法分别放样$\angle BAP_1$、$\angle BAP_2$等于各自的设计角度$\beta_1$、$\beta_2$。

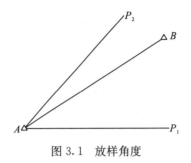

图 3.1　放样角度

1. 直接放样法

(1)将仪器安置在 A 点，用盘左瞄准 B 点，读取水平盘读数；

(2)松开照准部向右旋转，当水平盘读数增加 β_1 角值时，在视线方向上定出 P' 点；

(3)倒转望远镜变为盘右，用同上步骤再在视线方向上定出另一点 P'' 点；

(4)取 P'、P'' 的中点，则 $\angle BAP_1$ 就是要测设的 β_1 角(图 3.2)。

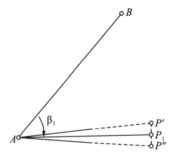

图 3.2　角度直接放样法

2. 归化法放样

(1)首先用直接法标定出过渡点 P_1'；

(2)多测回精测 $\angle BAP_1' = \beta_1'$，并概量 $AP_1' = S$；

(3)$\Delta\beta = \beta_1 - \beta_1'$，改正数 $d = \Delta\beta/\rho \times S$，$\rho = 206265''$；

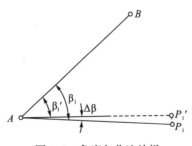

图 3.3　角度归化法放样

(4)由过渡点 $P_1{}'$，按 d 的改正方向作垂线，量 $P_1{}'P_1 = d$，即为所放样角度 $\angle BAP_1$（图 3.3）。

3. 注意事项

(1)注意角度的正拨与反拨；
(2)用归化法放样时，注意 d 的正负号与改正时丈量 d 的方向；
(3)指导老师现场检查各组的放样结果。

二、距离放样

A 为实地上的已知点，AN 为定线方向，AB 的设计距离为 17.364m，试用直接法和归化法放样该距离。

1. 直接放样法

由 A 点起，利用钢尺，沿 AN 方向量出距离 $S = 17.364$m 两次，取其中点 B' 即为所放样的长度。

2. 归化法放样

(1)将上述所放样的 B' 点作为过渡点，按一定的测回数，用钢尺（或测距仪）精测 AB' 的距离，并测出 A、B' 之间的高差；
(2)对 AB' 进行尺长、温度和倾斜改正，得出精测距离 S'；
(3)计算 B' 的改正数 $\Delta S = S - S'$；
(4)由过渡点 B' 沿定线方向向前（$\Delta S > 0$）或向后（$\Delta S < 0$）量 ΔS，标定出所求点 B（图 3.4）。

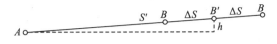

图 3.4　距离归化法放样

3. 注意事项

(1)归化法放样距离时，要对精测距离严格加入各项改正；
(2)注意过渡点的改正数 ΔS 的正负与改正时丈量 ΔS 的方向；
(3)指导教师现场检查放样结果。

三、点位放样

1. 极坐标法

已知控制点 A、B 的坐标分别为：$A(670.00，680.50)$，$B(740.60，660.70)$，待定点 P 的设计坐标为 $P(666.30，610.10)$，试用极坐标法放样出 P 点。

1）放样步骤

（1）根据控制点 A、B 的坐标和 P 点的设计坐标，按下列公式反算水平距离 D 和坐标方位角，然后再根据坐标方位角求出水平角 β；

$$\alpha_{AB} = \arctan \frac{y_B - y_A}{x_B - x_A} \qquad \alpha_{AP} = \arctan \frac{y_P - y_A}{x_P - y_A}$$

$$\beta = \alpha_{AP} - \alpha_{AB} \qquad D = \sqrt{(x_P - x_A)^2 + (y_P - y_A)^2}$$

（2）将仪器安置于 A 点，测设水平角 β，得到 AP 方向；

（3）在 AP 方向上测设水平距离 D，即可确定 P 点的位置。

2）注意事项

（1）在计算放样数据 β 时，要注意 β 的正拨与反拨；

（2）如需精确放样 P 点，则可用归化法放样角度 β 和距离 S；

（3）指导老师现场检查放样结果，并上交计算的放样数据。

2. 直角坐标法

已知 $M(300，300)$，$O(300，500)$，M、O 为矩形控制网中的控制点，P 的设计坐标为 $P(290，470)$，试用直角坐标法放样出设计点 P。

1）放样步骤

（1）由公式：$a = Y_P - Y_O$，$b = X_P - X_O$，计算放样数据 a，b；

（2）由 O 点沿 OM 方向放样距离 a 得 n 点；

（3）由 n 点作 OM 的垂线，量取距离 b 就得到 P 点的位置（图3.5）。

图 3.5　直角坐标法

2）注意事项

（1）在放样 a，b 时，要注意 a，b 的正负与实地丈量的方向；

（2）当放样精度要求不高（或 b 值不大）时，可采用方向法测设直角；

（3）指导教师现场检查放样结果。

3. 角度交会法

已知 A(990.50，700.50)，B(1080.00，750.00)为地面两已知点，P 为待放样点，P 的设计坐标为 P(1000.00，725.00)，试用角度前方交会的归化法放样 P 点。

1)放样步骤

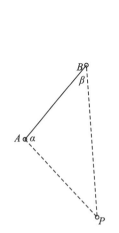 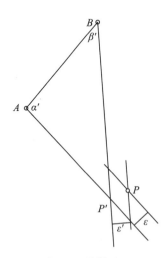

图 3.6　放样数据计算　　　　　　　图 3.7　放样过程

(1)计算放样数据：D_{AP}，D_{BP}，$\alpha = \alpha_{AB} - \alpha_{AP}$，$\beta = \alpha_{BP} - \alpha_{BA}$(图 3.6)；

(2)用两台经纬仪分别安置在 A、B 点，分别以 B、A 两点定向，拨 α、β 角，两经纬仪的视线交点 P' 作为过渡点；

(3)以必要的精度实测 $\angle P'AB = \alpha'$，$\angle P'BA = \beta'$，计算角差：$\Delta\alpha = \alpha' - \alpha$，$\Delta\beta = \beta' - \beta$，$\varepsilon = \Delta\alpha/\rho \times DAP$，$\varepsilon' = \Delta\beta/\rho \times DBP$，$\rho = 206265''$；

(4)作 AP' 和 BP' 的平行线，偏移距离分别为 ε、ε'，两条平行线的交点就是要测设的 P 点(图 3.7)。

2)注意事项

(1)在利用归化法进行归化改正作 $P'A$、$P'B$ 的平行线时，要注意 ε、ε'(即 $\Delta\alpha$、$\Delta\beta$)的符号与所作的平行线位置的关系。

(2)指导教师现场检查计算的放样数据和放样结果。

四、高程放样

1. 放样步骤

(1)布置实验场地。在合适位置布置一个水准点 A，作为测设高程的已知点，在待放样点 P 上打一木桩。

(2)将水准仪安置在合适位置，整平水准仪，对准 A 点竖立的水准尺读数，得到后视读数 a；

(3)将水准尺紧贴放样点木桩，并上下移动水准尺，当水准尺读数 $b=H_A-H_P+a$ 时，沿水准尺下端用铅笔在木桩上画水平线，此线高程即为需放样的设计高程；

(4)已知点与放样点高差较大时，可以在待放样点附近选择一临时点，先利用水准测量的方法求出临时水准点高程，再依步骤(1)、(2)、(3)进行高程放样；

(5)在设计高程位置和水准点立尺，再前后视观测，以作检核。

2. 注意事项

当计算出的前视读数为负值时，应倒立水准尺，尺端零点即为待放样点的高程。

3. 实验数据

例 1：已知高程控制点 A 的高程为 $H_A=90.566\mathrm{m}$，放样 B 的设计高程为 $H_B=88.000\mathrm{m}$，请实地放样出高程点 B。

例 2：已知高程控制点 C 的高程 $H_C=82.345\mathrm{m}$，待放样点 D 的设计高程 $H_D=83.845\mathrm{m}$，请实地放样出高程点 D。

第三节 思 考

(1)什么是施工放样？它有哪些特点和要求？

(2)施工放样方法有哪些？在选择放样方法时，应注意哪些问题？

(3)平面位置放样通常有哪些方法？

(4)高程放样有哪几种情况，每种情况下采用怎样的方法测设？

(5)在前方交会中，如果交会角不变，在什么情况下对放样精度有利？什么时候不利？

(6)什么是归化法放样？极坐标法放样点位如何进行归化改正？

(7)已知水准测量中视线高程 $H_i=242.144\mathrm{m}$，要将设计高程为 241.200m 的一点测设在 B 点桩上，问 B 点的水准尺(前视)读数是多少时，尺底高程才为 241.200m？已知点 A 的高程又是多少？(后视 $a=1.324\mathrm{m}$)

(8)已知导线点 E、F 的坐标为 $X_E=189.000\mathrm{m}$，$Y_E=102.000\mathrm{m}$，$X_F=185.165\mathrm{m}$，$Y_F=126.702\mathrm{m}$，房角的坐标 $X_1=200.000\mathrm{m}$，$Y_1=100.000\mathrm{m}$，$X_2=200.000\mathrm{m}$，$Y_2=124.000\mathrm{m}$，试求放样用的数据 β_1，β_2，D_1，D_2。

(9)在极坐标法测量和边角网中，测角误差引起横向误差 m_u，测边误差引

起纵向误差 m_l，设测角误差为 $1.0''$，测边的固定误差为 1mm，测边的比例误差为 $1\text{ppm}\times s$[①]，试计算边长为 50、100、500、1000、1500、2000、2500m 时的纵、横向误差，并绘制图、表。若满足 $m_u=0.5m_l$ 到 $m_u=2.0m_l$，则认为边角精度是匹配的，说明边角精度匹配的边长区间。

点的平面测设

班级：＿＿＿＿＿＿＿＿　　组号：＿＿＿＿＿＿＿＿　　实验日期：＿＿＿＿＿＿＿＿

组长：＿＿＿＿＿＿＿＿　　组员：＿＿＿＿＿＿＿＿＿＿＿＿＿＿＿＿＿＿＿＿＿

点名	坐标值		坐标差		坐标方位角/ (°′″)	线名	应测设的水平角/ (°′″)	应测设的水平距离/ m	测设略图
	x/m	y/m	Δx/m	Δy/m					

---

① 本书中 $1\text{ppm}=1\times10^{-6}$。

高程测设记录

班级：_____　　组号：_____　　实验日期：_____

组长：_____　　组员：_____

测站	已知水准点		后视读数	视线高程/m	待测设点		前视尺应有读数	填挖数/m	检测	
	点号	高程/m			点号	设计高/m			实际读数	误差/m

第四章　建筑方格网的建立

第一节　概　　述

　　建筑方格网的布置是根据建筑设计总平面图上各建筑物、构筑物和各种管线的分布，并结合现场的地形情况拟定的。方法是首先确定建筑方格网的主轴线，然后在此基础上布置其他方格点。

一、实践目的与要求

　　(1)熟悉建筑方格网的适用范围及其优缺点；
　　(2)掌握建筑方格网主轴线测设方法；
　　(3)了解建筑方格网点的详细测设。

二、仪器和工具

　　全站仪、手持杆、棱镜、温度计、记录板、2H 铅笔和计算器等。

三、放样精度

　　依照《工程测量规范》，长轴线上的定位点(主点)不得少于三个，主点的点位中误差(相对于临近的测量控制点)不应超过 ±5cm。主点放样后，应进行角度检测，其中交角的测角中误差不应超过 ±2.5″，直线角度限差为 $180° ±5″$，$90°$ 交角的限差为 $90° ±5″$。边长相对中误差：Ⅰ级：≤1/30000，Ⅱ级≥1/20000。

第二节　实　践　过　程

　　已知Ⅱ级导线中两导线点的坐标为：A(640.93，1068.94)，B(519.90，

1161.86)，根据总平面布置图，施工控制网布设成"十字"基线，各点坐标如下：横向：J_1（100，100），O（100，150），J_2（100，200），纵向：K_1（50，150），K_2（150，150），又已知建筑坐标系中的两点 P_1（500，500），P_2（600，600）在测量坐标系中的坐标分别为（864.66，1447.84），（924.427，1576.012），试计算测设该"十字"基线所需的放样数据；根据测设的精度要求，实地测设该"十字"基线。

一、放样步骤

1. 计算放样数据

（1）进行坐标换算，将主点的建筑坐标统一换算为测量坐标系中的坐标；

（2）根据已知控制点和主点在测量坐标系中的坐标，计算各主点的放样数据 β 和 D。

2. 主点放样

（1）采用极坐标法初步放样出各主点；

（2）用不低于 $\pm5''$ 的仪器和测距设备，测定各主点的精确坐标，与其设计坐标相比较，计算改正数后，用归化法进行改正。

3. 横向主轴点的检测与校正

（1）在 O' 点安置经纬仪，以 $\pm2.5''$ 的精度测定 $\angle J_1'O'J_2'=\beta$，若 β 与 $180°$ 之差大于 $\pm2.5''$，则须调整主轴点的位置，使其位于一条直线上（图 4.1）；

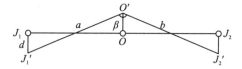

图 4.1 横向主轴点校正

（2）用近似法调整主轴点位置：利用公式 $d=[(ab)/(a+b)]\times(90°-\beta/2)\times1/\rho(\rho=206265'')$，计算出调整值 d 后，即可对主轴点进行调整。

4. 纵向主轴点的放样与校正

（1）纵向主轴点是在横向主轴线放样调整之后进行的，纵向主轴点的放样方法同横向主轴点（图 4.2）；

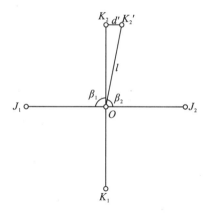

图 4.2　纵向主轴点放样

(2)放样出 K_1，K_2 点后，在 O 点安置仪器精确测量 $\angle J_1OK_2' = \beta_1$，$\angle J_2OK_2' = \beta_2$，若 $\beta_1 \neq \beta_2$，则应对 K_2' 进行校正。校正时，首先依据公式 $d' = l \times (\beta_1 - \beta_2)/2\rho (\rho = 206265'')$，计算出调整值 d' 后，即可对 K_2' 进行调整。同理检测 K_1'，并调整之。

二、注意事项

(1)在调整横向主轴点时，应注意 β 角大于 $180°$ 和小于 $180°$ 时，d 值的移动方向；

(2)在调整纵向主轴点时，应注意 d' 的正负与改正方向的关系，$d > 0$ 时，K_2' 向左改正，$d < 0$ 时，K_2' 向右改正；

(3)指导教师现场检查计算的放样数据和"十字"基线的放样结果。

第三节　思　　考

(1)如何根据建筑方格网进行建筑物的定位放线？为什么要设置轴线桩？

(2)简述轴线法测设建筑方格网的基本步骤。

(3)简述归化法测设建筑方格网的基本步骤。

(4)已知建筑坐标系的原点 O' 在测量坐标系中的坐标为 $O'(285.78,258.66)$，纵轴为北偏东 $30°$，有一控制点在测量坐标系中的坐标为 $P(477.55,455.77)$，试求其在建筑坐标系中的坐标。

第五章 建筑物轴线放样

第一节 概　　述

一、实践目的与要求

(1)掌握建筑物定位轴线放样的基本方法；
(2)掌握建筑物各细部轴线的放样(即建筑物放线)。

二、仪器和工具

DJ6 经纬仪、钢尺、木桩及小钉若干、记录板一块、2H 铅笔与计算器等。

三、放样精度

测距相对中误差：1/3000，测角中误差：$\pm 30''$。

第二节　实　践　过　程

已知测量控制点 M，N 的坐标分别为：$M(500.00，600.00)$，$N(503.00$，$630.00)$，设计建筑基线的坐标为 $A(510.00，606.00)$，$O(510.00，627.00)$，$B(510.00，648.00)$，设计建筑物的轴线交点坐标分别为 1(518.00，618.00)，2(530.00，618.00)，3(530.00，642.00)，4(518.00，642.00)，实地进行建筑物放样。

一、放样步骤

放样过程中假定建筑基线与建筑物轴线相互平行和垂直，同时建立的坐标系轴也与建筑基线平行和垂直。另外，假定测量控制点与建筑基线点和房屋角点坐标系一致，如果不一致需要相互转换统一坐标系统。则放样步骤如下：

(1)计算出角度 β_1、β_2、β_3，距离 S_1、S_2、S_3 和 ΔX_{A1}、ΔY_{A1}、ΔX_{B4}、ΔY_{4B} 等放样数据；

(2)首先根据测量控制点利用极坐标法放样建筑基线三点 A，O，B，并检查角度 $\angle AOB$；

(3)利用直角坐标法放样对建筑物角点：依据距离 ΔX_{A1}，ΔY_{A1}，ΔX_{B4}，ΔY_{4B} 放样出过渡点 A' 和 B'，然后再用直角坐标法确定建筑物角点 1 和 4，根据建筑物长度和宽度确定角点 2 和 3；完成后检查建筑物对角线长度。将各交点测设于地面，并钉以木桩、小钉，放样示意图如图 5.1 所示。

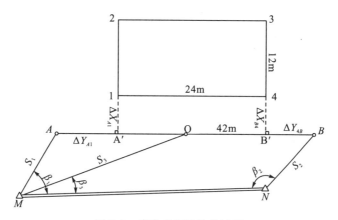

图 5.1　直角坐标法放样过程

二、注意事项

(1)放样数据应在实地放样前事先算好，并经检核无误；
(2)放样过程中，每一步均须检核，未经检核不得进入下一步的操作；
(3)指导教师现场检查放样结果。

第三节　思　　考

(1)当民用建筑形成一个建筑群时，每一个单体建筑的位置是怎样标定出来的?

(2)建筑物的定位方法有哪些?

(3)建筑物轴线放样有哪些方法?

(4)如何检验放样的建筑轴线是否垂直?

(5)如何进行高层建筑的轴线定位?

第六章　圆曲线测设

第一节　概　　述

一、实践目的与要求

(1)掌握圆曲线元素的计算及主点测设的基本方法；
(2)掌握用偏角法进行圆曲线细部点测设的基本方法；
(3)熟悉用切线支距法进行圆曲线的计算和测设。

二、仪器和工具

DJ6 经纬仪、钢尺、木桩及小钉若干、记录板一块、2H 铅笔与计算器等。

三、放样精度

曲线闭合差不应超过下列规定：
(1)纵向闭合差：1/2000；
(2)横向闭合差：±10cm。

第二节　实　践　过　程

一、放样步骤

1. 圆曲线主点测设

(1)选圆曲线半径设计值为 $R=50$m，并假定 JD_1 里程为 200.00m；

(2)在测区适当位置打木桩为 JD_1，然后向约成 120° 的两个方向延伸一定距离(40m 左右)定出 ZD_1，ZD_2。在 JD_1 架经纬仪，用测回法测 β 角 1 测回，并计算圆曲线的转角 α 右 $=180°-\beta$ 和其他圆曲线要素，记入表；

(3)根据计算出的圆曲线要素，分别放样出 ZY，YZ 和 QZ(图 6.1)。

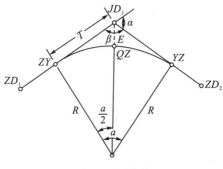

图 6.1　圆曲线

2. 圆曲线细部点测设(偏角法)

(1)测设数据的计算测设桩号为 10m 的整倍数的细部点，取桩距为 10m，计算出各细部点的偏角和弦长；

(2)圆曲线细部点测设，步骤如下：

①在 ZY 安置经纬仪，JD_1 定向，将水平度盘置 $0-00-00$；

②转动照准部，拨角 $\delta 1$，自 ZY 量弦长 $C1$ 的细部点 1；拨角 $\delta 2$，自细部点 1 量弦长 $C2$ 与视线的交点即为细部点 2，以此向后放，直至 QZ；

③同理放样出曲线的另一半(图 6.1)。

二、注意事项

(1)所有测设数据经校核无误后方可使用；

(2)指导教师现场检核测设成果。

第三节　思　考

(1)有哪些道路曲线？曲线测设的特点是什么？可采用哪些方法？

(2)已知某一专用铁路 3 号曲线的转向角为 α 右 $=30°06'15''$，$R=300m$，ZY 点里程为 $DK_3+319.45m$，里程从 ZY 到 YZ 为增加，求：

①圆曲线要素及主要里程；

②置镜于交点(JD)，测设各主点的方法；

③在 ZY 点置镜,用切线支距法测设前半个曲线的资料(每 10m 一点);

④在 YZ 点置镜,用偏角法测设后半个圆曲线资料(曲线点要求设置在 20m 倍数的里程上)。

(3)已知圆曲线交点 JD 里程桩号为 $K_2+362.96$,右偏角 $\alpha_{右}$ 为 $28°28'00''$,欲设置半径为 300m 的圆曲线,计算圆曲线诸元素 T、L、E、D,并计算圆曲线各主点的里程桩号。

(4)什么是路线的转角?已知交点坐标如何计算路线转角?如何确定转角是左转角还是右转角?

(5)已知某交点 JD 的桩号为 $K_5+119.99$,右角为 $136°24'$,半径 $R=300$m,试计算圆曲线元素和主点里程,并且叙述圆曲线主点测设步骤。

圆曲线测设

班级:＿＿＿＿＿　　　　组号:＿＿＿＿＿　　　　实验日期:＿＿＿＿＿

组长:＿＿＿＿＿　　　　组员:＿＿＿＿＿

元素名称	值	元素名称	值
转折角 α		$T=R\tan\dfrac{\alpha}{2}$	
曲线半径 R		$L=R\alpha\dfrac{\pi}{180°}$	
交点桩号		$E=R\left(\sec\dfrac{\alpha}{2}-1\right)$	
曲线起点桩号		曲线终点桩号	
曲线中点桩号			

偏角法放样数据

班级:＿＿＿＿＿　　　　组号:＿＿＿＿＿　　　　实验日期:＿＿＿＿＿

组长:＿＿＿＿＿　　　　组员:＿＿＿＿＿

桩号	相邻桩间的曲线长度/m	各桩至 ZY(YZ) 的曲线长度/m	偏角/(° ′ ″)	测设时度盘读数/(° ′ ″)

桩号	相邻桩间的曲线长度/m	各桩至 ZY(YZ)的曲线长度/m	偏角/(° ′ ″)	测设时度盘读数/(° ′ ″)

切线支距法放样数据

班级：_____　　　组号：_____　　　实验日期：_____

组长：_____　　　组员：_____

桩号	相邻桩间的曲线长度/m	各桩至 ZY(YZ)的曲线长度/m	坐标 x/m	坐标 y/m

第七章 综合曲线测设

第一节 概 述

一、实践目的与要求

(1)掌握偏角法测设综合曲线;
(2)熟悉切线支距法测设综合曲线;
(3)会计算曲线测设所需数据。

二、仪器和工具

DJ6 经纬仪、钢尺、木桩及小钉若干、记录板一块、2H 铅笔与计算器等。

三、放样精度

曲线闭合差不应超过下列规定:
(1)纵向闭合差:1/2000;
(2)横向闭合差:±10cm。

第二节 实 践 过 程

已知 JD_2 的里程为:$DK_0 + 880.00$,转角 $a_右 = 45°30'$,曲线半径 $R = 50\text{m}$,缓和曲线长为 30m,要求桩距为 10m,分别用切线支距法和偏角法测设该综合曲线。

一、测设步骤

(1)计算曲线元素，计算结果分别填入相应表中；

(2)计算曲线主点的里程桩号，分别填入表中；

(3)计算各细部点的坐标$(x，y)$填入表；

(4)计算各细部点的偏角δ和弦长C填入表；

(5)按给定的转角定出JD_2和线路的直线段；

(6)测设曲线主点ZH、HY、QZ、YH和HZ；

(7)分别用切线支距法和偏角法测设出该综合曲线。

二、注意事项

(1)计算测设数据时要细心，曲线元素经复核无误后才可计算主点里程，主点里程经复核无误后才可计算各细部桩测设数据，各桩测设数据经复核无误后才可进行测设；

(2)曲线细部桩测设是在主点桩测设的基础上进行的，故主点测设要十分小心；

(3)在丈量x和支距y以及切线长、外矢距和弦长时，尺身要水平；

(4)设置起始方向的水平度盘读数时要细心；

(5)在实践前应计算好测设曲线所需的数据，不能在实践中边算边测，以防出错。

(6)指导老师实地检查放样结果。

第三节　思　　考

(1)困难地段曲线测设方法有哪些？说明其步骤。

(2)已知缓和曲线交点JD里程桩号为$K_3+637.56$，偏角$\alpha_右$为$19°28'00''$，拟设置半径为$300m$的圆曲线，在圆曲线两端各用一长度为$60m$的缓和曲线连接，求β_0，x_0，y_0，p，q，T_H，L_H，E_H，D_H，并计算缓和曲线各主点的桩号。

偏角法测设综合曲线

班级：_____　　　组号：_____　　　实验日期：_____

组长：_____　　　组员：_____

交点号				交点桩号		

<table>
<tr><td rowspan="2">曲线元素</td><td colspan="6">$R =$　　　　$l_0 =$　　　　$\alpha =$　　　　$T =$　　　　$L =$</td></tr>
<tr><td colspan="6">$E_0 =$　　　　$q =$　　　　$x_0 =$　　　　$y_0 =$</td></tr>
</table>

主点桩号	ZH 桩号：　　　　　　　　　　　　　HY 桩号： QZ 桩号： YH 桩号：　　　　　　　　　　　　　HZ 桩号：

<table>
<tr><td rowspan="18">各中桩测设数据</td><td>测段</td><td>桩号</td><td>曲线长</td><td>偏角</td><td>水平盘读数</td><td>备注</td></tr>
<tr><td rowspan="5">ZH－HY</td><td></td><td></td><td></td><td></td><td rowspan="5">测站点：

起始方向：

起始方向的水平盘读数：</td></tr>
<tr><td></td><td></td><td></td><td></td></tr>
<tr><td></td><td></td><td></td><td></td></tr>
<tr><td></td><td></td><td></td><td></td></tr>
<tr><td></td><td></td><td></td><td></td></tr>
<tr><td rowspan="5">HZ－YH</td><td></td><td></td><td></td><td></td><td rowspan="5">测站点：

起始方向：

起始方向的水平盘读数：</td></tr>
<tr><td></td><td></td><td></td><td></td></tr>
<tr><td></td><td></td><td></td><td></td></tr>
<tr><td></td><td></td><td></td><td></td></tr>
<tr><td></td><td></td><td></td><td></td></tr>
<tr><td rowspan="7">HY－YH</td><td></td><td></td><td></td><td></td><td rowspan="7">

测站点：

起始方向：

起始方向的水平盘读数：</td></tr>
<tr><td></td><td></td><td></td><td></td></tr>
<tr><td></td><td></td><td></td><td></td></tr>
<tr><td></td><td></td><td></td><td></td></tr>
<tr><td></td><td></td><td></td><td></td></tr>
<tr><td></td><td></td><td></td><td></td></tr>
<tr><td></td><td></td><td></td><td></td></tr>
</table>

切线支距法测设综合曲线

班级：＿＿＿＿＿＿＿　　　组号：＿＿＿＿＿＿＿　　　实验日期：＿＿＿＿＿＿＿

组长：＿＿＿＿＿＿＿　　　组员：＿＿＿＿＿＿＿＿＿＿＿＿＿＿＿＿＿

交点号				交点桩号	

曲线元素	$R=$　　　$l_0=$　　　$\alpha=$　　　$T=$　　　$L=$
	$E_0=$　　　$q=$　　　$x_0=$　　　$y_0=$

主点桩号	ZH 桩号：　　　　　　　　　HY 桩号： QZ 桩号： YH 桩号：　　　　　　　　　HZ 桩号：

各中桩测设数据	测段	桩号	曲线长	x	y	备注
	$ZH-HY$					
	$HY-QZ$					
	$HZ-YH$					
	$YH-QZ$					

第八章 用全站仪(坐标法)测设圆曲线

第一节 概　　述

一、实践目的与要求

(1)熟悉全站仪在测设工作中的基本操作;

(2)掌握用全站仪采用坐标法测设曲线的方法。

二、仪器和工具

全站仪一套、对讲机、标杆棱镜、测纤、木桩若干、记录板、温度计、气压计、计算器、铅笔、小刀等。

第二节　实　践　过　程

一、测设步骤

(1)利用第六章计算出的圆曲线各细部桩的坐标(x, y),在测区内选一适当的点为JD_2,按算出的转角α右标定出线路的直线段方向;

(2)测定现场气温、气压并输入全站仪;

(3)全站仪安置在JD_2上,放样出曲线主点ZY、QZ、YZ;

(4)仪器搬至ZY上,输入测站ZY坐标$(0, 0)$,并以JD_2定向,设置后视方位角$0°00'00''$;

(5)依次输入各细部点的坐标(x, y),就可以逐点放样出各细部桩桩位。

二、注意事项

(1)在使用全站仪的过程中要十分小心,以防损坏;

(2)不能把望远镜对向太阳,阳光较强时要用伞给全站仪遮阳;

(3)在放样方向上不应有其他的反光物体(如其他棱镜、水银镜面、玻璃等),以免影响测距(放样)结果;

(4)在立手持杆时,应注意使手持杆上的气泡居中。

(5)指导老师现场检查放样结果。

第三节　思　考

(1)简述全站仪测设圆曲线的基本原理和详细步骤。

(2)全站仪测设圆曲线的优点有哪些?

(3)全站仪坐标测设时测站上应做哪些参数设置?

(4)全站仪测设圆曲线时有什么注意事项?

(5)根据全站仪显示的数据,该如何移动棱镜?

第九章　线路中线测量及线路的纵、横断面测绘

第一节　概　　述

一、实践目的与要求

(1)熟悉线路中线测量的里程测设、基平、中平和横断面测量；

(2)掌握中桩(包括百米桩和加桩)测设；

(3)掌握纵、横断面图的绘制。

二、仪器和工具

经纬仪、水准仪、水准尺、钢尺、花杆、测钎、记录板、木桩、小钉若干、2H 铅笔、计算器、小刀等。

三、放样精度

1. 中线测量

(1)中线边长测量，应丈量两次，其较差不大于长度的 1/2000 时，以第一次丈量的结果为准；

(2)中线的里程测设：新建干线应以联轨站中心为里程起点；支线和专用线应以联轨道岔中心为里程起点，并注明与既有线的里程关系；

(3)中线上应钉设公里桩和加桩，并钉设百米桩。直线上的中桩间距不大于50m，曲线上的中桩间距宜为 20m，在地形变化等处或按设计需要应另设加桩，中桩桩位误差：①纵向误差($s/2000+0.1$)m；②横向误差 ±10cm。

2. 中线高程测量

中桩水准测量应起闭于水准点，其限差为 $\pm 50\sqrt{L}$ mm，中桩高程宜观测两次，其不符值不应超出 10cm，取位至 cm。

3. 横断面测量

横断面施测宽度和密度，应视地形、地质和设计需要而定；(2)横断面测量检测限差规定如下：

高程：$\pm(h/100+l/200+0.1)$m；

明显地物点的距离：$\pm(l/100+0.1)$m，

其中，h 为检查点至线路中桩的高差(m)，l 为检查点至线路中桩的水平距离(m)。

第二节　实　践　过　程

一、测量方法和步骤

(1)在 1km 范围内，由指导老师选定一条线路，各组用木桩定出线路的起、终点，交点和转点的实地位置；

(2)中线里程桩的设置：设整桩、加桩、圆曲线里程桩，关于圆曲线测设详见第六章；

(3)基平测量：从线路起点附近的已知水准点（或假定高程的水准点）开始，沿线路施工范围以外，布设水准路线。其方法同水准测量，要求进行往返测，其高差闭合差 $fh_容=\pm 30\sqrt{L}$ mm 或 $fh_容=\pm 9\sqrt{h}$ mm，若符合限差要求取其平均进行计算各点的高程；

(4)中平测量：(略)；

(5)纵断面图的绘制：根据外业中平测量成果，在米格纸上绘制线路的纵断面图；

(6)横断面测量：首先进行横断面的定向，然后采用"水准仪法"或"经纬仪法"进行横断面的施测，最后绘制出横断面图。绘制时，应按桩号顺序从左到右、由下而上进行。其详细方法参见《工程测量学》教材。

第三节　思　考

(1)简述线路工程测量的主要内容。

(2)纵断面测量主要有哪些方法？有何目的？

(3)横断面测量主要有哪些方法？有何目的？

(4)什么是中线测量、基平测量、中平测量？

附：参考

一、中线测量

根据中线附近的控制点和地物，可采用穿线交点、拨角放线等方法测设线路各交点，并用测回法观测线路各偏角并一一测回。然后从线路起点开始，沿中线每隔 20m 或 50m（曲线上根据曲线半径每隔 20m、10m 或 5m）量距定出整桩，并在地面坡度变换处、中线与其他主要地物（如已有道路、河流、输电线）相交之处设加桩，在曲线交点处设立主点桩。中线定线时，可采用经纬仪定线或目估定线，量距采用一般钢尺量距，曲线测设可采用偏角法、切线支距法或极坐标法。线路精度要求是：直线部分纵向相对误差应小于 1/2000，横向误差应小于 5cm；曲线部分纵向相对闭合差应小于 1/1000，横向闭合差应小于 10cm。

里程桩的编号：0＋000，0＋020，0＋040，…。加桩编号按实际距离为准，如：0＋027，0＋055，…。

二、纵断面测量

1. 基平测量

在整个路线上，根据路线的长度设置 3～5 个水准点，按四等水准测量的方法或往返观测方法与附近的已知水准点连测，并求出其高程。

2. 中平测量

以相邻水准点为一个测段，从一个水准点出发，按等外水准测量要求逐个测定中桩的地面高程，附合至下一个水准点。作业中应注意：

（1）为提高作业效率，一个测站可以有若干个间视（前视），并采用视线高方法进行计算，故记录时应注意分清后视、前视和间视，不能有误。

（2）各桩号的高程以桩的地面高程为准，不能测桩顶。

（3）注意水准点的闭合或附合以及其限差要求，以确保水准测量无差错。

3. 纵断面图的绘制

以里程桩为横坐标，比例尺为 1∶1000，以高程为纵坐标，比例尺 1∶100，在毫米方格纸上绘出纵断面图。

纵断面图应包括以下内容：桩号、填挖土高度、地面高程设计高度、坡度与距离，填挖数、直线与曲线。

具体内容的安排不做统一规定，以美观、明确、易读为好，各人可自由发挥。

4．横断面测量

横断面测量的主要内容是在各中桩处测定垂直于道路中线方向的地面起伏，然后绘成横断面图。横断面的测量宽度由路基宽度以及地形情况确定，此次实践要求在中线两侧各测 20m，测量中距离和高程要求准确到 0.1m。采用皮尺、竹竿(或标尺、标杆)作简易测量，记录注意分清左、右端。以分数形式记录，分子为高程，分母为水平距离，如 $\dfrac{-0.95}{3.5}$。

5．横断面图的绘制

绘图时，纵、横比例保持一致，先在毫米纸上标定中桩位置，由中桩开始逐一将特征点画在图上，再用直线连接，即得断面的地面线。然后将路基断面设计线，按同比例画在横断面图上，然后计算该面的填挖面积。

6．土(石)方量的计算

在横断面图上计算各桩号的填挖面积，然后用平均断面法计算相邻桩号的土石方量。计算公式为：

$$V = \frac{F_1 + F_2}{2} \times d$$

式中，F_1、F_2 为相邻中桩处的横断面，面积分别按填方、挖方计算，d 为相邻两中桩距离，可由桩号或纵断面图获取。

线路纵、横断面图测绘

班级：＿＿＿＿＿＿＿　　　组号：＿＿＿＿＿＿＿　　　实验日期：＿＿＿＿＿＿＿

组长：＿＿＿＿＿＿＿　　　组员：＿＿＿＿＿＿＿＿＿＿＿＿＿＿＿＿

纵断面测量数据记录表

测站	测点桩号	后视读数	视线高	前视读数	间视	高程	备注

横断面图测量成果表

左侧（高程 m/至桩点平距 m）	桩号	右侧（高程 m/至桩点平距 m）

第十章　道路坡度线放样

第一节　概　　述

一、实践目的与要求

(1)掌握按全站仪放样坡度线基本方法，要求进行塔尺的观测、记录、填挖高度的计算方法；

(2)掌握如何设计坡度线放样方案。

二、仪器和工具

全站仪一台、塔尺一把、记录夹一个、计算器一台。

第二节　实　践　过　程

一、测量方法和步骤

(1)设计坡度为 $i=2\%$，要求在选定的地面确定出该坡度线，并按 10m 距离计算出该处的填挖高度；

(2)具体放样过程：放样示意如图 10.1 所示，先按坡度计算竖直角度，再确定盘左竖盘读数。公式为 $i=2\%=\tan\alpha=\tan(L-90°)$；

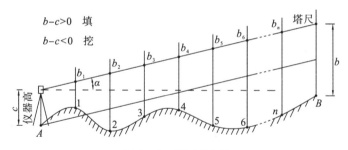

图 10.1　坡度线放样

(3)按照计算得到的盘左竖盘读数 L 固定望远镜竖直制动，转动照准部瞄准远处线路的 B 点，并在 B 点塔尺上读数 b；

(4)然后依次间隔 10m 分别立塔尺，并读数 b_1、b_2、b_3、b_4、b_5…，量取仪器高为 c；

(5)分别计算 1、2、3、4、5…处的填挖高度 $h_1 = b_1 - c$，$h_2 = b_2 - c$，$h_3 = b_3 - c$，$h_4 = b_4 - c$，$h_5 = b_5 - c$…，如果大于 0，则填；如果小于 0，则挖。

第三节　思　　考

(1)试叙述使用水准仪进行坡度测设的方法。

(2)全站仪放样坡度线的步骤。

第十一章 RTK 的使用

第一节 概 述

一、实践目的与要求

(1)熟悉 GPS 接收机各项功能；
(2)熟悉 RTK 操作流程。

二、仪器和工具

基准站主机一台、移动站主机一台、三脚架二个、手簿一个、基座二个、通讯电缆一根、发射天线和电台各一个、电池一个。

第二节 实 践 过 程

实时动态差分法(real-time kinematic，RTK)是一种新的常用的 GPS 测量方法，以前的静态、快速静态、动态测量都需要事后进行解算才能获得厘米级的精度，而 RTK 是能够在野外实时得到厘米级定位精度的测量方法。它采用了载波相位动态实时差分方法，是 GPS 应用的重大里程碑。它的出现为工程放样、地形测图、各种控制测量带来了新曙光，极大地提高了外业作业效率。

一、RTK 工作原理

在 RTK 作业模式下，基准站通过数据链将观测的星历数据传给流动站。流动站通过接收基准站数据和采集的 GPS 数据在系统内进行实时处理，并提供定位成果的方法。

RTK 实物图如图 11.1。

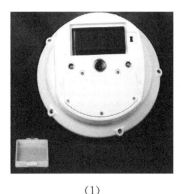  

（1）　　　　　　　　　　（2）　　　　　　　　　　（3）

图 11.1　RTK 实物图

二、RTK 作业步骤

1. 基准站安装

（1）对中整平：找到控制点（也可以任意架设在未知点上），架好三脚架，安装基座，然后对中整平；

（2）安装 GPS 基准站主机：从仪器箱中取出主机并开机，先检查主机是否是外挂基准站，如不是就先设置成外挂基准站。拧上天线连接头，把主机安装在基座上，拧紧螺丝；

（3）连接电台：取出"主机至电台"的电缆，把电缆一头接口（电缆两端头通用）插在 GPS 主机上（红点对红点），将电缆另一头接口插在电台上；

（4）安装、连接电台发射天线：在基准站旁边架设一个对中杆（或三脚架），将两根连接好的棍式天线固定在对中杆（或三脚架）上，用天线电缆连接发射天线和电台，电台连接电源并开机；

（5）量取仪器高：在互为 120°的 3 个方向上分别量取 1 次仪器高，共 3 次，读取至 mm，取平均值（如果基准站任意架设在未知点，则不必量取仪器高）；

（6）基准站架设点必须满足以下要求：①高度角在 15°以上开阔，无大型遮挡物；②无电磁波干扰（200m 内没有微波站、雷达站、手机信号站等，50m 内无高压线）；③在用电台作业时，位置比较高，基准站到移动站之间最好无大型遮挡物，否则差分传播距离迅速缩短。

2. 基准站参数设置

（1）新建工程并定义作业文件名（图 11.2）。

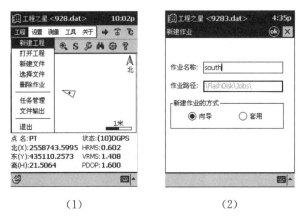

(1)   (2)

图 11.2　新建工程

(2)设置椭球和投影参数(图 11.3)。

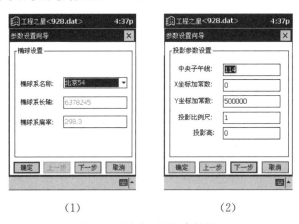

(1)   (2)

图 11.3　椭球和投影参数设置

(3)四参数或七参数设置(图 11.4)。

(1)   (2)

图 11.4　参数设置

(4)高程拟合参数设置(图 11.5)。

图 11.5　高程拟合参数设置

依次按要求填写或选取如下工程信息：工程名称、椭球系名称、投影参数设置、四参数设置(未启用可以不填写)、七参数设置(未启用可以不填写)和高程拟合参数设置(未启用可以不填写)，最后确定，工程新建完毕。

3.　求转换参数

(1)打开控制点坐标库(图 11.6)。

(1)　　　　　　　　　　　　　　(2)

图 11.6　控制点坐标输入

(2)输入已知点坐标(图11.7)。

(1)　　　　　　　　　　(2)

图11.7　已知点坐标输入

(3)增加原始点坐标(图11.8)。

(1)　　　　　　　　　　(2)

图11.8　原始点坐标输入

(4)保存及查看参数(图11.9)。

(1)　　　　　　　　　　　　(2)

图11.9　保存及查看参数

4. 碎部点测量

1)手动采集

电子手簿进入【测量】界面，将对中杆放在指定的待测点上，对中整平，采集坐标，输入点名、天线高，点击"A"键完成第一个待测点的坐标采集，按照同样操作方法进入下一个待测点的坐标采集(图11.10)。

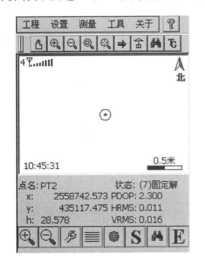

(1)　　　　　　　　　　　　(2)

图11.10　手动采集

2)自动采集

自动采集过程如图 11.11。

(1)

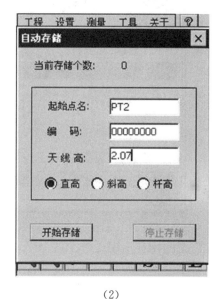

(2)

图 11.11   自动采集

5. 点放样

(1)选择测量菜单下的点放样功能(图 11.12)。

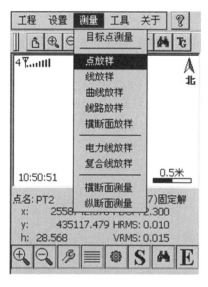

(1)

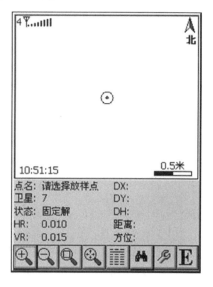

(2)

图 11.12   点放样

（2）选择放样点坐标库，点击增加，添加放样点坐标（图11.13）。

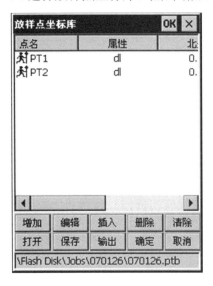 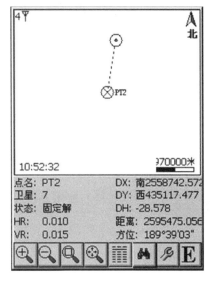

（1）　　　　　　　　　　（2）

图 11.13　点坐标增加

（3）移动流动站直至与放样点重合（图11.14）。

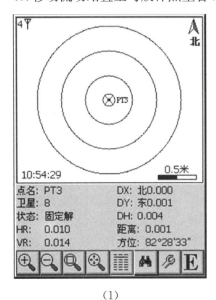 

（1）　　　　　　　　　　（2）

图 11.14　放样完成

6. 成果记录、导出

（1）成果记录：完成待测点的坐标采集后，进入记录点库，当需要更改点名或者删除多余测点时，直接在记录点库中操作；

（2）成果导出：点击"记录点库"界面右下角记录点导出按钮，输入文件名，选择导出文件类型为"Excel 文件（∗. csv）"格式，或者 CASS 格式等，将测量数据导出保存到电子手簿里。电子手簿连接电脑，将数据文件保存到电脑。

第三节　思　　考

（1）GPS 测量定位的技术设计包括哪些内容？

（2）GPS-RTK 的原理？

（3）使用全站仪放样与使用 GPS-RTK 放样有何异同？各自的优势和适用场合有哪些？

第十二章　建筑物沉降变形观测

第一节　概　　述

一、实践目的与要求

(1)掌握按二等水准测量要求进行沉降变形观测的观测、记录、计算方法；

(2)掌握如何设计沉降变形观测水准路线方案；

(3)掌握变形观测数据整理、数据分析以及成果报告编写的要求和格式。

二、仪器和工具

ZDL700 水准仪一台(含水准尺和尺垫)、皮尺一把、记录夹一个、计算器一台。

第二节　实　践　过　程

观测精度：本次变形观测按二等水准测量技术要求，基准点至沉降点应往返观测，沉降点观测线路应形成闭合环，往返较差和高差闭合差应$\leqslant 4\sqrt{n}$ mm，(n 为测站数)，最大不超过 $6\sqrt{n}$ mm。

观测成果在限差内按观测距离或测站数分配闭合差计算高程。观测时一定要爱护观测标志，尺子放在观测点上应用力轻，立尺一定要直，观测时前后视距应尽可能相等，每站前后视距差小于 1m，累计前后视距差应小于 3m。

数 据 整 理 表

日期	荷重/t	观测点			观测点			观测点		
		1			2			3		
		高程/m	沉降量/mm	累计沉降量/mm	高程/m	沉降量/mm	累计沉降量/mm	高程/m	沉降量/mm	累计沉降量/mm
	第1层									
	第2层									
	第4层									

第三节　思　考

(1)高层建筑物的主要变形特点是什么?

(2)什么是变形点? 有哪些结构要求?

(3)什么叫基准点? 基准点的结构和埋置分别有哪些要求?

(4)简述沉降观测点布置的基本要求与具体方法。

(5)什么是沉降水准测量? 沉降观测有哪几种方法?

(6)沉降水准测量的精度等级是如何确定的?

(7)沉降水准测量实施有哪些要求和注意事项? 其观测周期如何确定?

(8)简述各期变形监测的作业原则。

附：建筑物沉降观测方案设计模板

××楼沉降观测方案

项目负责：

技术负责：

报告编写：

监测单位

（测绘资质证书编号：）

×年×月×日

一、前言

1. 工程概况

本工程位于＊＊＊，工程名称为＊＊＊，占地面积＊＊＊，全框架结构，地上＊＊层。

2. 沉降观测目的

沉降观测目的和意义在于通过对拟建建筑物施工过程进行周期性观测，了解建筑物在施工加荷以及入住或设备安装加荷过程中的沉降变化，从而为设计提供依据，也为后期类似工程提供参考。因此，在建筑物主体施工过程中必须进行沉降量的动态观测，用于沉降管理。主要目的有：

(1)根据观测数据控制、调整施工加荷速率；

(2)预测沉降趋势，确定建筑物的沉降稳定时间；

(3)预测工后沉降，使工后沉降控制在设计允许范围之内；

(4)通过实测沉降量，预测沉降量并验证设计合理性，进行设计的再优化，控制和保证工程的建设质量；同时，也为该建筑物的最终验收提供可靠的资料。

二、沉降观测工作执行的技术规范

技术依据是：

(1)《城市测量规范》　　　　　　　CJJ8－99

(2)《工程测量规范》　　　　　　　GB50026－93

(3)《建筑变形测量规程》　　　　　JGJ/T8－97

(4)《国家一、二等水准测量规范》　GB12897－91

三、沉降观测方法及过程

1. 采用设备

本测量工程使用设备为：中纬精密 S07 级水准仪（ZDL700）配合数字条码水准尺，仪器均经过权威鉴定部门检验合格。

2. 观测点布设

按照＊＊＊公司的《结构设计总说明》和大厦《沉降观测布设平面图》的

要求，并根据《建筑变形测量规范》(JGJ/T8-97)的有关规定，布置沉降观测点并依据以下原则布设：

(1)参照＊＊＊公司提供的大厦首层沉降观测点布置平面图(附图 1)；

(2)建筑物的四角和极大转角处及沿外墙每 15～20m 处或每间隔 2～3 根柱基上；

(3)高低层建筑物、纵横墙的交接处两侧；

(4)建筑物沉降缝两侧、基础埋深相差悬殊处；

(5)观测点埋设采取钻孔后用植筋胶粘结，试件用直径为 ϕ 14 的钢筋，顶面打磨光圆，位置在一楼室外地坪以上 40～60cm 高的立柱或剪力墙上(附图 2)。

3. 基准点布设

采用钻深孔，打入钢管并在管内浇灌水泥的方法，设置钢管型水准基准点 1 个，地面水准基点 2 个。钢管型水准基准点钻孔打入砂卵石稳定层，并尽量远离建筑基础。基准点以打磨的半球形钢筋为测量标志。

4. 测量工作

(1)采用由基准点出发，依次经过所有观测点，最后闭合于基准点的观测路线(即闭合水准路线)。观测按二等水准测量要求进行，严格执行规范要求，前后视距尽量相等，每站测量成果均符合限差要求，见附表 1。

(2)沉降基准网观测采用一级水准测量，往返高差较差或高差闭合差应≤±$0.3\sqrt{n}$ mm(n 为测站数)，最大不超过±$0.5\sqrt{n}$ mm，沉降观测往返高差较差或高差闭合差应±$1.0\sqrt{n}$ mm(n 为测站数)，最大不超过 $1.5\sqrt{n}$ mm。

5. 拟定观测线路

按照本项目的特点，采用多节点、闭合水准网的路线来测量。大环线引测至各栋楼附近，然后闭合，小环线根据具体现场情况，尽量采用闭合路线联测大环线。

6. 观测间隔和次数

观测间隔根据建筑工程进度和气候条件而定，总的原则是：每建 1～2 层测一次，若遇大的降雨过程，则加测一次。

根据施工进度，具体如下：

建筑施工过程中，共拟测 12～14 次，其中：主体工程封顶前观测 10～12 次，设备安装及装修期间观测 2～4 次。

按规范，所有建筑楼群竣工后观测至进入稳定阶段，观测 4～6 次。

按照要求，本项目观测次数不得低于 20 次。

7. 观测工作时的注意事项

(1)首次观测时，应观测 2 次取其平均值，以提高初始值的可靠性；

(2)各次观测采用相同的观测网形和观测方法，使用固定仪器及人员，选择最佳观测时段，在基本相同的环境和条件下观测；

(3)当观测数据成果发现异常时，应进行复测；

(4)当发现建筑变形异常时，如忽然发生大量形变、不均匀沉降或出现严重裂缝等，应及时增加观测次数或缩短观测时间间隔；

(5)观测人员要了解工程现场既有建筑物和设施现状，了解观测对象的结构特点，参与基准点和观测点的埋设工作。这些有利于观测数据、沉降趋势及异常情况的分析和处理；

(6)保证观测数据的精度准确性，每次观测后应及时进行数据处理，发现异常，立即进行分析或核测，同时应及时向现场监理及业主代表汇报。

四、观测采集与结果处理

水准观测按二等水准测量要求进行，严格执行规范要求，前后视距相等，每站测量成果均符合限差要求。

1. 数据采集

记录时使用南方全站仪的坐标文件格式，点号表示测站数，地物代码输入本测站的后前视观测点点号，用"＋"号分隔，X 坐标输入后视视距和中丝读数，Y 坐标输入前视视距和中丝读数，高程输入前后视高差。外业结束后将观测数据文件传入计算机进行处理并计算。

2. 数据平差

本次对数据的平差使用武汉大学的"科达普施(CODAPS)"平差程序。科达普施(CODAPS)是科傻(COSA)系统子系统的简称，它在 IBM 兼容机上运行，全称为"现代测量控制网数据处理通用软件包"。

五、成果的提交

本项目成果以阶段性成果和最后成果两种形式出具。竣工前的阶段性成果，基本按月出具观测成果数据表(附表 2)、$p-t-s$(s 时间、沉降量)曲线图(附图 3、附图 4)和 $v-t-s$(沉降速度、时间、沉降量)曲线图，同时分析建筑沉降观

测成果，提交沉降分析总结报告。

六、本次观测计划费用

本次观测主要费用由以下条目组成：
(1)高精度测量仪器、工具的使用、折旧费用；
(2)外业数据采集人工费用；
(3)内业数据处理人工费用；
(4)交通费用；
(5)基准点、观测点布置埋设费用；
(6)高危险风险作业费用；
(7)税收成本费用等。

七、附表及附图

附表1　二等水准测量要求

等级	仪器类型	标准视线长度/m	前后视距差/m	前后视距差累计/m	两次读数差/mm	两次读数所测高差之差/mm
二等	DS1	50	1.0	3.0	0.5	0.7

附表2　5次观测数据成果整理表

点号	日期	相隔天数	初值/m	上交值/m	本次值/m	本次沉降/m	累计沉降/mm	本次速度/（mm/d）	累计速度/（mm/d）
				G1♯第1次成果数据					
J11	2010-11-29	0	503.9917	0	0	0	0	0	0
J12	2010-11-29	0	503.9515	0	0	0	0	0	0
J13	2010-11-29	0	504.1725	0	0	0	0	0	0
J14	2010-11-29	0	504.0373	0	0	0	0	0	0
J15	2010-11-29	0	503.9284	0	0	0	0	0	0
J16	2010-11-29	0	504.2453	0	0	0	0	0	0
J17	2010-11-29	0	503.946	0	0	0	0	0	0
J18	2010-11-29	0	503.9116	0	0	0	0	0	0

点号	日期	相隔天数	初值/m	上交值/m	本次值/m	本次沉降/m	累计沉降/mm	本次速度/(mm/d)	累计速度/(mm/d)
J11	2010-12-03	4	503.9917	503.9917	503.9917	0	0	0	0
J12	2010-12-03	4	503.9515	503.9915	503.9518	−0.3	−0.3	−0.075	−0.075
J13	2010-12-03	4	504.1725	504.1725	504.1726	−0.1	−0.1	−0.025	−0.025
J14	2010-12-03	4	504.0373	504.0373	504.0374	−0.1	−0.1	−0.025	−0.025
J15	2010-12-03	4	503.9284	503.9284	503.9285	−0.1	−0.1	−0.025	−0.025
J16	2010-12-03	4	504.2453	504.2453	504.2454	−0.1	−0.1	−0.025	−0.025
J17	2010-12-03	4	503.946	503.946	503.946	0	0	0	0
J18	2010-12-03	4	503.9116	503.9116	503.9115	0.1	0.1	0.025	0.025

G1# 第 3 次成果数据

点号	日期	相隔天数	初值/m	上交值/m	本次值/m	本次沉降/m	累计沉降/mm	本次速度/(mm/d)	累计速度/(mm/d)
J11	2010-12-08	5	503.9917	503.9917	503.992	−0.3	−0.3	−0.06	−0.033
J12	2010-12-08	5	503.9515	503.9518	503.9518	0	−0.3	0	−0.033
J13	2010-12-08	5	504.1725	504.1726	504.1725	0.1	0	0.02	0
J14	2010-12-08	5	504.0373	504.0374	504.0365	0.9	0.8	0.18	0.089
J15	2010-12-08	5	503.9284	503.9285	503.9283	0.2	0.1	0.04	0.011
J16	2010-12-08	5	504.2453	504.2454	504.2453	0.1	0	0.02	0
J17	2010-12-08	5	503.946	503.946	503.9462	−0.2	−0.2	−0.04	−0.022
J18	2010-12-08	5	503.9116	503.9115	503.9112	0.3	0.4	0.06	0.044

G1# 第 4 次成果数据

点号	日期	相隔天数	初值/m	上交值/m	本次值/m	本次沉降/m	累计沉降/mm	本次速度/(mm/d)	累计速度/(mm/d)
J11	2010-12-13	5	503.9917	503.992	503.9917	0.3	0	0.06	0
J12	2010-12-13	5	503.9515	503.9518	503.9515	0.3	0	0.06	0
J13	2010-12-13	5	504.1725	504.1725	504.1726	−0.1	−0.1	−0.02	−0.007
J14	2010-12-13	5	504.0373	504.0365	504.0372	−0.7	0.1	−0.14	0.007
J15	2010-12-13	5	503.9284	503.9283	503.9283	0	0.1	0	0.007
J16	2010-12-13	5	504.2453	504.2453	504.2453	0	0	0	0
J17	2010-12-13	5	503.946	503.9462	503.946	0.2	0	0.04	0
J18	2010-12-13	5	503.9116	503.9112	503.9112	0	0.4	0	0.029

续表

G1♯第 5 次成果数据									
点号	日期	相隔天数	初值/m	上交值/m	本次值/m	本次沉降/m	累计沉降/mm	本次速度/（mm/d）	累计速度/（mm/d）
J11	2010-12-20	7	503.9917	503.9917	503.9912	0.5	0.5	0.071	0.024
J12	2010-12-20	7	503.9515	503.9515	503.9509	0.6	0.6	0.086	0.029
J13	2010-12-20	7	504.1725	504.1726	504.1722	0.4	0.3	0.057	0.014
J14	2010-12-20	7	504.0373	504.0372	504.0366	0.6	0.7	0.086	0.033
J15	2010-12-20	7	503.9284	503.9283	503.9281	0.2	0.3	0.029	0.014
J16	2010-12-20	7	504.2453	504.2453	504.2447	0.6	0.6	0.086	0.029
J17	2010-12-20	7	503.946	503.946	503.9457	0.3	0.3	0.043	0.014
J18	2010-12-20	7	503.9116	503.9112	503.9107	0.5	0.9	0.071	0.043

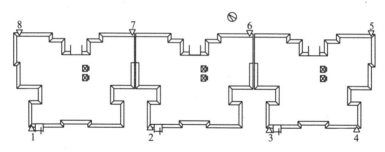

附图 1　1♯楼沉降观测布置平面图

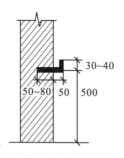

附图 2　沉降观测点示意图

　　注：钻孔后用植筋胶粘结，试件用直径为 Φ 14 的螺纹钢筋，顶面打磨光圆。并且为了在施工过程中保护观测标志，须在观测标志上方设置盖板，以保护施工过程中标志不被高空落下的东西砸变形。

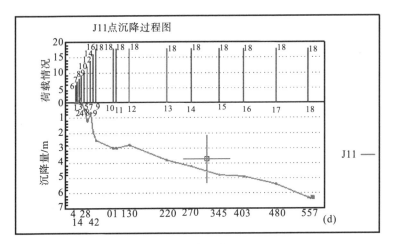

附图 3　J11 点沉降过程图

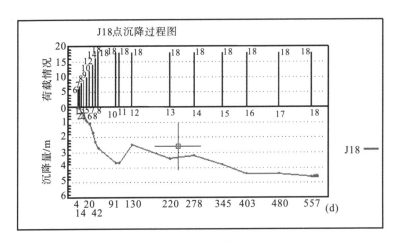

附图 4　J18 点沉降过程图

第二篇　测量新技术在工程领域的综合应用

第十三章　基于 GPS 技术的滑坡自动监测

本章主要介绍滑坡监测的常规技术，并结合滑坡监测实例，介绍利用 GPS 技术进行滑坡监测的具体方法，包括 GPS 滑坡监测系统的原理、GPS 监测点的布设、监测网的布设、GPRS 数据传输方式、野外供电系统、控制中心结构等。通过对监测数据成果的分析，判断出滑坡体的变形趋势，并对结果进行预警分类。

第一节　滑坡监测的常规技术方法

目前常规的滑坡地表位移监测方法包括精密大地测量法、摄影测量法和三维变形监测法。

1．沉降监测

沉降监测属于一维变形测量。主要利用精密水准测量方法对滑坡体进行垂直位移监测。监测仪器通常采用 DS1 精密水准仪或电子水准仪。

2．水平位移监测

水平位移监测的方法主要有导线测量、三角测量、边角测量等，这些都属于二维变形测量。监测方法是在滑坡监测区外建立平面控制网，采用精密测距仪、电子经纬仪或电子全站仪进行监测，以得到滑坡体平面位移监测点的坐标。常规精密大地测量方法监测具有精度高、适应性强等优点，但缺点在于易受观测环境影响、观测周期长、费用高、效率低，仅适用于中小型滑坡体的水平位移监测。

3．测斜仪监测

测斜仪具有监测深度大、监测点连续性好、监测可靠性高等优点，已广泛应用于各种滑坡体内部水平位移的监测。其工作原理是摆锤在重力作用下，测出传感器与铅垂线之间的倾角，再根据公式计算出垂直位置各点的水平位移。由于埋入滑坡体的测斜管随滑坡体同步位移，因此测斜管的位移量就是滑坡体的位移量。测斜仪工作原理如图 13.1 所示。

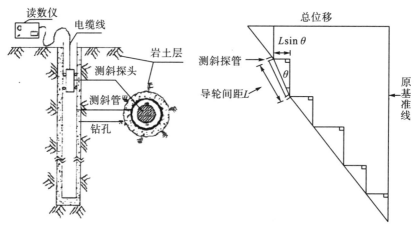

图 13.1　测斜仪工作原理图

4. 三维变形监测

1)全站仪三维变形监测

目前全站仪已应用于滑坡的三维变形监测，如徕卡滑坡扫描监测系统就可以在大型煤矿场以及大型的山坡、城市地铁基坑的连续墙等区域实现自动化的无人监测。设备如图 13.2 所示。

图 13.2　徕卡滑坡扫描监测系统

2)三维激光扫描仪变形监测

三维激光扫描仪具有测量速度快、采集信息量大等特点，可以形成滑坡体的点云图，进而生成高精度滑坡体 CAD 模型，使滑坡体变形分析更加生动形象。如徕卡 HDS4400 长距离三维激光扫描测量系统可以瞬时测得空间三维坐标值，再用空间点云数据，快速建立起结构复杂、不规则的三维可视化场景模型。

设备如图 13.3 所示。

图 13.3　徕卡 HDS4400 长距离三维激光扫描测量系统

5. 数字摄影测量

　　数字摄影测量是基于摄影测量和数字影像的基本原理，采用数字影像处理、影像匹配、模式识别等理论，用数字方式表现的几何与物理信息。主要方法包括近景摄影测量和地面立体摄影测量。地面摄影测量技术早期主要应用于变形监测方面，以其无需接触就可获得滑坡体上任意点的变形信息的特点，大大减少了外业工作量。

　　随着高质量数字摄影机和高分辨率量测仪器的相关技术不断发展，使得现代数字摄影测量精度大幅提升，使其可应用于大型滑坡、混凝土大坝、大型挡土墙、高层建筑物等方面的测量。

第二节　GPS 滑坡监测系统

　　GPS 滑坡监测系统原理是以坐标、距离和角度为基础，用新坐标与初始坐标之差反映滑坡体的位移，从而实现监测滑坡体变形的目的。可适用于滑坡体不同变形阶段的地表三维位移监测。由于 GPS 滑坡监测网与常规的滑坡监测网相比，具有非层次结构，可一次性布网；控制网精度与卫星几何分布有关，受控制网网型影响小；观测量为包含了尺度和方位关系的基线向量，仅需一个已知点坐标即可确定控制网的平移量等优点，使其可实现三维大地测量、连续监测及监测过程的自动化。

　　滑坡体表面位移监测系统是将一台 GPS 接收机固定在坐标已知且地基稳定的地点作为基准站，另外一台接收机固定在滑坡体的监测点上作为移动站；基准站将监测到的载波相位数据和已知坐标值传输给移动站，移动站再将自身所测数据与基准站数据作差组成差分观测方程，最后得到移动站相对于基准站的基线长度。GPS 滑坡监测系统原理如图 13.4 所示。

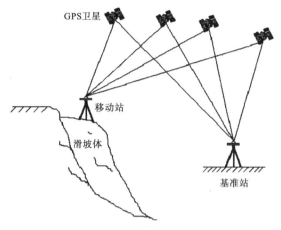

图 13.4　GPS 滑坡监测示意图

第三节　监测数据传输方式

自动化监测系统的关键在于将现场仪器所采集的监测数据通过无线通信的方式发送到监测中心，同时监测中心也能用无线方式将控制命令发送到指定终端。现对目前常用的 5 种无线通信方式（GPRS、CDMA、3G、GSM 短信、北斗卫星）各自特点进行对比（表 13.1）。

表 13.1　常用通信方式及适用性对比表

通信方式	特点	适用条件	建设成本及运行费用
GPRS	广域覆盖、快速登录、高速传输、永远在线、按量收费	中国移动或中国联通通信网络覆盖区域	建设成本低、长期运行费用低
CDMA	广域覆盖、高速传输、抗干扰性强、掉线率低	中国电信通信网络覆盖区域	建设成本低、长期运行成本高
3G	高速传输、传输容量大、通信质量高	公共网络覆盖区域	建设成本低、长期运行成本高
GSM 短信	传输容量大、通信质量高、信道稳定、组网灵活	公共网络覆盖区域	建设成本低、长期运行成本高
北斗卫星	传输容量大、信道稳定、抗干扰能力强、通信盲区极少	公网未覆盖和无条件建专用网区域	建设成本低、长期运行成本低

滑坡监测区的数据传输方式应根据现有的通信状况、通信资源、建设成本与运行成本、技术稳定性和安全性等方面选择适合的通信方式。

因一般的滑坡区域内已有公共网络覆盖，可选用成本较低且安全性高的 GPRS 通信技术作为监测数据远程传输方式。其中 GPRS 信号强度监测仪器采用相关的 GPRS 数据通讯模块。数据传输结构如图 13.5 所示。

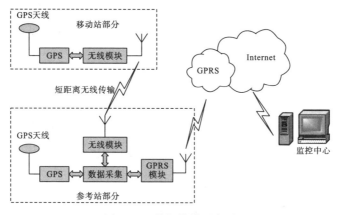

图 13.5　数据传输示意图

第四节　野外供电系统

常用的野外供电系统有 220V 交流电供电系统、太阳能供电系统和风能供电系统。

220V 交流电供电系统：用 220V 交流电给蓄电池充满电，再用蓄电池给监测仪器供电。

太阳能供电系统：原理是在有光照的条件下，将太阳的辐射能量转换为电能，并存储到蓄电池中，然后为监测仪器供电。

风能供电系统：原理是将风能在风能控制器的作用下将其转换为电能，存储到蓄电池中，然后为监测仪器供电。但因风能随机性较强、风能转化率低且稳定性差，所以目前尚难推广应用。

有时因滑坡体地处偏僻，无专门架设的电力线，故选择相对稳定且经济的太阳能板＋蓄电池的太阳能供电系统。基准站和监测站的太阳能供电系统如图 13.6 所示。

（1）基准站　　　　　　　　（2）监测站

图 13.6　基准站和监测站的太阳能供电系统

第五节　控制中心结构

控制中心包括串口设备服务器、数据处理软件及用户设备(交换机、服务器、台式计算机、UPS、避雷系统、供电系统)等部分。主要完成对前端 GPS 位移数据的接收工作，也能执行后台管理发送的控制命令，如人为改变监测频率、系统复位调整以及设定监测任务等。同时，控制中心的后台处理、管理软件还能完成对所有监测数据的汇总、统计分析以及提供灾害预警。控制中心结构如图 13.7 所示。

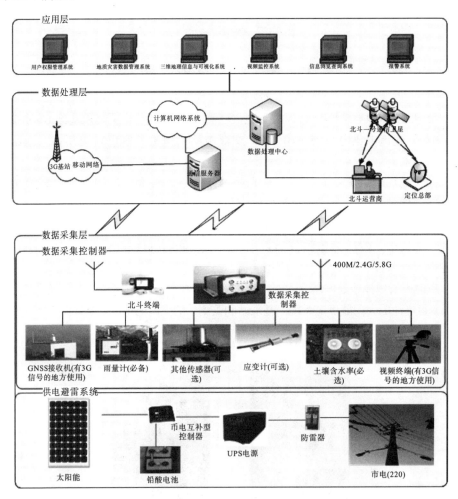

图 13.7　控制中心系统结构图

第六节　GPS 滑坡监测实例

1. 塔子坪滑坡概况

都江堰市虹口乡地处都江堰市北部中高山区，海拔高程 930～1770 m，相对高差 850 m。山体走势近南向北，山脊狭小，地形坡度大约在 35°～50°，沟谷切割较深，地貌为典型的侵蚀构造中高山地貌。周边山势陡峻、切割浅、坡降大，沟源地形大多呈漏斗状并和山峰陡崖相接，溯源侵蚀强烈。塔子坪滑坡地处白沙河右侧，距离都江堰市大约 14.5km，距离虹口乡大约 2km，区域内道路村村相通，交通方便。

地质构造既能影响地形地貌，又能控制岩层的岩体结构以及岩体的组合特征，对地质灾害的发育起着综合控制的作用。由于都江堰市虹口乡塔子坪滑坡受到地质构造和地形地貌条件的综合影响，其岩层产状变化较大，岩石破碎，风化严重，斜坡岩

图 13.8　都江堰市虹口乡塔子坪滑坡区域

体的自稳性较弱。岩石经过多期构造运动的破坏后，使岩体的片理和裂隙得到发育，其完整性和均一性都差，加上后期受到强烈的风化和剥蚀，岩体强度较低，使塔子坪区域内岩石风化、崩塌、卸荷等地质作用显著，造成滑坡现象普遍。塔子坪滑坡区域如图 13.8 所示。

2. 滑坡自动方案监测设计

结合塔子坪滑坡区域各个地质灾害点的发育特征及周边影响因素，监测内容包括以下几个部分：

1)GPS 数据采集系统

目前的滑坡监测自动化系统主要分为：分布式、集中式、混合式。

分布式自动化监测系统是将具有模拟量测量、数据自动存储、A/D 转换和上位机进行数据通讯功能的测量控制单元(measure and control unit，MCU)分布在传感器附近。它的每个测控单元都能作为频率、脉冲、电压和电阻等测量信号的独立子系统，并将所有监测数据由总线输入上位计算机集中控制和管理。该结构的优势在于测控单元就近传感器，减少了模拟量传输的距离。由于测控单元传输的都是数字量，因而即使其中一个子系统发生故障也不会影响整个系统的运作。

　　集中式自动化监测系统是一种现场数据采集自动化，数据运算处理自动化和资料异地传输都集中管理的结构。但因其数据采集的信号是电模拟量，存在抗干扰能力差、可靠性低等缺点，目前已经基本淘汰。

　　混合式自动化监测系统则是介于分布式和集中式之间的一种结构，也因其存在集中式数据采集信号的缺点，现在也极少采用。

　　由于都江堰市虹口乡塔子坪滑坡区域内测点分散、野外供电不易，电缆保护不便，因此采用分布式数据采集系统(图 13.9)。

(1)GPS 基准站的安装与调试　　　　(2)GPS 监测站的安装与调试

图 13.9　安装与调试图

　　2)动态域名解析软件

　　本次的动态域名解析(dynamic domain name server，DDNS)软件为花生壳客户端。其向用户提供全方位的桌面式域名管理以及动态域名解析服务，用户无需通过 IE 浏览器，直接通过客户端使用 www. oray. net 所提供的各项服务，包括用户注册、域名查询、域名管理、IP 工具以及域名诊断等各种服务。且通过树状结构方式可使用户对多达上百个域名进行方便管理，亦可自主添加二级域名，自由设置 A 记录(IP 指向)、MX 记录、CName(别名)、URL 重定向等，用户操作界面清晰简单。

　　进入花生壳客户端主界面后，通过域名诊断功能，可以检测该域名的花生壳服务、DNS 服务器 IP 地址等。

　　3)GPRS 流量监测软件

　　本次监测 GPRS 流量的软件选择的是华测 HC monitor，其优点是：①能够实现对 wap 连接、GPRS 连接等多种连接所产生的流量进行监测；②能够根据自身设置的包月金额和流量测算出每天可分配的流量额；③能够进行流量提示，并简单显示出来。HC monitor 主界面如图 13.10 所示。

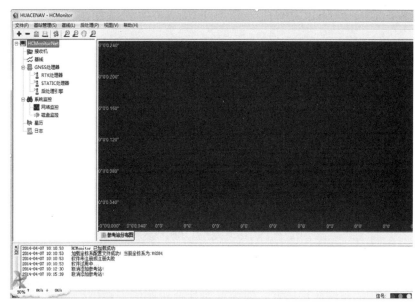

图 13.10　HC monitor 主界图

4)监测网的布设原则

(1)监测网作为滑坡体变形监测的基本依据，应将监测网点设立在比较稳定的地区，尽量避免埋设在松散表层。

(2)布设的监测网点数量不宜过多，以减少工作量，但必须保证控制整个滑坡区域。

(3)监测点位分布应重点分布在滑坡体的裂缝处、滑舌、地质分界等位置。

(4)为了使监测点的垂直位移量和监测网点的高程系统统一测量，可在滑坡体以外的稳定地区布设基准点，作为高程监测的工作基点。

5)GPS 数据监测系统

华测滑坡监测系统软件采用 B/S、C/S 混合架构，利用网络可实现远程监测；可实时位移监测，实时显示监测点的位移、速度、加速度曲线。软件通过速度的值域判断监测体状态，并通过不同颜色来区别监测体的状态(图 13.11)。

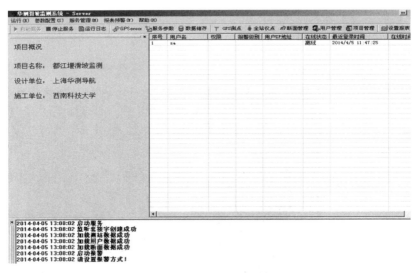

图 13.11　读取结果并存储到数据库

3. GPS 监测成果及分析

滑坡灾害的监测数据繁冗，需要针对性地对监测资料进行系统深入的综合处理，以便找出变化规律，分析可能存在的安全隐患和原因，预测出未来时间的滑坡体稳定状况。常用的监测资料分析法包括对比法、分布图法、过程线分析法、特征值统计法、相关分析法。

1)对比法

通过对比监测物的量值大小和变化规律是否符合常规情况，分析出滑坡体所处的状态是否稳定。对比的对象包括：历史同条件监测值、历史最大值、历史最小值、近期监测值、相关项目测量值、相邻测点监测值、设计计算值、模型实验值等。

2)分布图法

利用监测值的分布图，可得到监测值随空间变化的规律，特别是相邻测点之间的测值变化量和是否存在突变值。分布图还能同时绘制出多个项目同一时间测值的分布线或同一项目不同时间测值的分布线，得出影响测值分布的因素或变化趋势。

3)过程线分布法

通过监测值的过程线，可直观地看出监测值随时间变化的趋势，得出变化周期性指标：最大值、最小值、年变幅，反常升降及不利的趋势性变化和各时期变化速率。

4)特征值统计法

对特征值(观测时间、变化幅度、变化速率、变化周期、最大值、最小值和年平均值)进行分析，可得出变化规律及变化原因。

5)相关分析法

通过监测值与环境之间的相关图和过程相关图，分析测值是否存在异常值和有无系统性变化。

在实际分析过程中常常需要多种分析法综合使用，以得出科学、合理的变化趋势。

第七节　滑坡预警与分级

滑坡预警是在滑坡灾害发生前，在研究滑坡岩土体工程地质特征和变形破坏机理的基础上，建立滑坡的预警模型，推断出滑坡体未来的稳定性变化趋势，特别是预测灾害发生的时间。

预警等级可分为以下 4 个等级：

(1)红色预警(Ⅰ级预警)：位移总量特别巨大，表面变形速率特别大(一般取 10mm/d 作为Ⅰ级红色预警指标)且持续增大，位移过程线出现显著的加速变形趋势，裂缝已全部贯通，局部已发生坍塌，滑坡已进入加速变形阶段的前期，其破坏率>70％且后果非常严重，需要立即开展应急抢险加固，撤离相关区域的人员和设备。

(2)橙色预警(Ⅱ级预警)：位移总量特别大，表面变形速率比较大(一般取 10mm/d 作为Ⅱ级橙色预警指标)且变化速率稳定，裂缝发育明显且逐渐贯通，滑坡体进入等速变形的后期，其破坏率>50％且后果严重，需要开展抢险加固，撤离边坡区域内的人员和设备。

(3)黄色预警(Ⅲ级预警)：位移总量明显超标，表面位移速率相对较大(一般取 1mm/d 作为Ⅲ级橙色预警指标)，裂缝集中出现，滑坡体进入等速变形的前期，其破坏率>25％且后果较重，需要开展抢险加固措施。

(4)蓝色预警(Ⅳ级预警)：位移总量超过原设计估计值，表面变形速率相对较小，滑坡体还在随着时间的变化而增长，滑坡体进入滑坡发育的蠕变阶段，其破坏率相对较小且后果较轻，有足够时间加强抢险加固措施。

第十四章　高铁轨道控制网测量与数据处理

　　轨道控制网(CPⅢ)是时速 200km 以上高速铁路施工和运营维护期间必不可少的三维测量控制网，主要为轨道板铺设及轨道平顺性测量提供基准。为了建立三维的 CPⅢ 控制网，需要采用不同的仪器和方法分别建立 CPⅢ 平面网和CPⅢ 高程网。

第一节　CPⅢ平面网测量的方法及其技术要求

1. CPⅢ平面网的点位布设及其测量标志

1)点位布设

　　CPⅢ控制点沿线路走向布设，每隔 60m 左右在线路中线两侧布设一对控制点，每对控制点的横向间距在线路区间为 11~15m 左右，在车站为车站的横向宽度。与传统平面控制点位置不一样，CPⅢ控制点的点位一般不布设在地面上，而是布设在专用的观测墩上或线路的附属结构物上。在路基段，CPⅢ控制点一般成对布设在接触网基础的专用观测墩上，CPⅢ点位标志可以在观测墩的线路内侧面横向埋设，如图 14.1 所示。在桥梁段，CPⅢ控制点一般成对布置在桥梁固定支座正上方的防撞墙顶中部；对于大跨或多跨连续梁，部分 CPⅢ 控制点也可布设在桥梁活动端支座上方的防撞墙顶中部，CPⅢ点位标志可以在防撞墙顶部中间竖向埋设，如图 14.2 所示。在隧道段，CPⅢ控制点成对布设在电缆槽顶面以上 30cm 的隧道二衬边墙侧面上，此时 CPⅢ点位标志只能横向埋设在隧道二衬边墙侧面上，如图 14.3 所示。

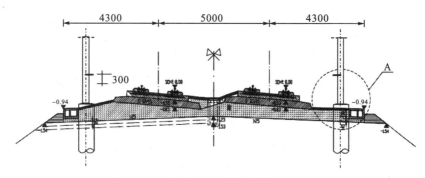

图 14.1　路基段 CP Ⅲ 点位布设位置示意图

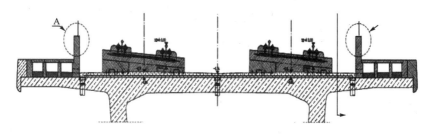

图 14.2　桥梁段 CP Ⅲ 点位布设位置示意图

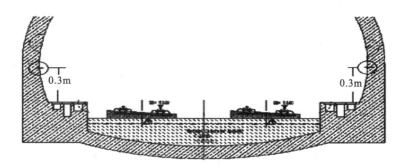

图 14.3　隧道段 CP Ⅲ 点位布设位置示意图

2)测量标志

CP Ⅲ 控制点的测量标志，是一种比较特殊的平面点和高程点共点的强制对中标志。德国的 CP Ⅲ 控制点测量标志如图 14.4 所示，该标志要求棱镜直立，因此棱镜适配器上装有圆水准器，标志安装费时且精度难以保证。我国也研制了多种型号的 CP Ⅲ 控制点测量标志，西南交通大学研制的 CP Ⅲ 控制点测量标志如图 14.5 所示，该标志棱镜可以横插，没有圆水准器，标志安装简便且精度容易保证，因此在我国的高速铁路 CP Ⅲ 控制网测量中普遍使用。

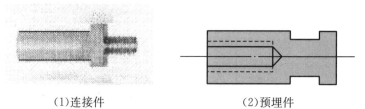

(1)连接件　　　　　　　　　　(2)预埋件

（3)棱镜适配器和棱镜

图 14.4　德国的 CPIII 控制点测量标志示意图

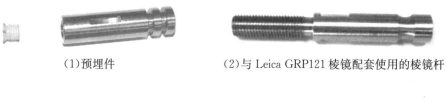

(1)预埋件　　　　　　　　(2)与 Leica GRP121 棱镜配套使用的棱镜杆

(3)与 Sinning 公司棱镜配套使用的棱镜杆　　　　　　(4)高程测量杆

(5)棱镜杆装上棱镜后可进行平面网的测量　　(6)高程杆上立尺后可进行高程网的测量

图 14.5　国产的 CPⅢ 控制点测量标志示意图

2. CPⅢ 平面网的测量方法、网形及其仪器要求

CPⅢ 平面网的测量方法与传统的边角网测量方法不一样，传统的边角网测量全站仪一般架设在一个控制点上向其他控制点上的棱镜进行方向和距离测量，距离测量一般要求往返测；而 CPⅢ 平面网测量，则采用全站仪自由测站的方式向若干个 CPⅢ 点上的棱镜进行方向和距离测量，距离测量只能单向观测。这里的自由测站指的是全站仪大致架设在四个 CPⅢ 点的中间位置，地面没有测量标志，架设全站仪时只整平不对中，整平后的仪器中心就是测站中心，因此相对于测站强制对中。

CPⅢ 平面网的测量方法及其控制网网形，如图 14.6 所示。

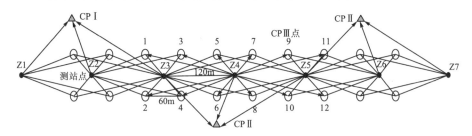

图 14.6　CPⅢ 平面网的测量方法及其控制网网形示意图

如图 14.6 所示，全站仪在 CPⅢ 点号为 5、7 和 6、8 的大致中间 Z4 并自由测站，在 1 至 12 号 CPⅢ 点上及其邻近的 CPⅡ 点上安装棱镜，选择零方向，假设以 1 号点为零方向，然后按全圆方向观测的方法，依次向 1、3、5、7、9、11、12、10、8、CPⅡ、6、4、2、1 点上的棱镜观测水平方向值、斜距和竖直角，要求根据全站仪的标称精度进行多测回的自动观测。

一条长大线路的 CPⅢ 网一般都是分区段分别进行观测，每个区段的 CPⅢ 网长度一般不短于 4km，区段与区段之间应搭接不少于六对 CPⅢ 点。图 14.6 为某一区段 CPⅢ 平面网，网中 CPⅢ 点的纵向间距一般为 60m 左右，最小不得小于 40m，最大不得大于 80m；自由测站的间距一般为 120m 左右，除区段的头尾四个自由测站外，每个自由测站一般观测 12 个 CPⅢ点，每个 CPⅢ点均被三个自由测站对其进行方向、斜距和竖直角交会，因此 CPⅢ平面网是一个自由测站边角交会网，CPⅢ平面网的测量方法是自由测站全圆方向和距离观测。

由于 CPⅢ平面网的精度要求高，而且每个自由测站一般要观测 12 个 CPⅢ点，因此用于 CPⅢ平面网观测的全站仪，要求是标称测距精度不低于±(1mm＋2ppm)和标称方向测量精度不低于±1″的高精度智能型全站仪。所谓智能型全站仪，指的是具有电子驱动、自动目标识别和在程序控制下能够进行自动观测的高性能全站仪。

3. CPⅢ平面网的外业观测及其技术要求

前已述及，CPⅢ平面网应该采用智能型全站仪自由测站多测回全圆边角同测的方法进行外业观测。网中的水平方向观测应采用盘左盘右全圆方向观测法进行，如采用分组方向观测，两组应采用同一零方向，并重复观测同一个方向。全圆水平方向观测时，主要技术要求应满足表 14.1 的规定。

表 14.1　CPⅢ平面网水平方向观测的技术要求

控制网名称	仪器等级	测回数	半测回归零差	同一测回各方向的2C互差	同一方向归零后的方向值较差
CPⅢ平面网	0.5″	2	6″	9″	6″
	1.0″	3	6″	9″	6″

网中自由测站对各 CPⅢ点的距离测量，应在全圆水平方向观测时同步进行观测，并在测量前实测环境温度和气压，实时输入到全站仪中以便在距离测量时进行气象改正。要求温度测量精确至 0.2℃，气压测量精确至 0.5hPa，距离测量的主要技术要求应满足表 14.2 的规定。

表 14.2　CPⅢ平面网距离观测的技术要求

控制网名称	测回	半测回间距离较差	测回间距离较差
CPⅢ平面网	≥2	±1 mm	±1mm

注：本表中距离测量一测回指的是全站仪盘左、盘右距离各测量一次的过程。

CPⅢ平面网应通过自由测站上的全站仪，每 600m 左右(400～800m)联测一个 CPⅠ或 CPⅡ控制点的水平方向和距离。每个 CPⅠ或 CPⅡ控制点与 CPⅢ网联测时，应至少通过 2 个以上连续的自由测站进行联测。自由测站至 CPⅠ或 CPⅡ控制点的距离不宜大于 300m，当 CPⅡ点位密度和位置不能满足 CPⅢ平面网联测要求时，应按同精度扩展方式增设 CPⅡ控制点。

由于 CPⅢ 网的精度要求高、一个测站观测的控制点多，因此 CPⅢ 平面网的外业观测，应该采用智能型全站仪，在专用 CPⅢ 采集软件的控制下自动对各 CPⅢ 点进行方向和距离观测。同时，观测时间应选择在阴天或晚上进行。观测时还应随时注意全站仪的整平情况，测量标志安装时注意各杆件要安装到位和使棱镜正对全站仪；一组棱镜（至少 13 个）的常数要一致，各棱镜常数相差要小于 0.3mm，否则应对所测距离进行棱镜常数改正；所采用的全站仪也在测量前应进行检测，当全站仪的加、乘常数显著时，还应对所测距离进行加、乘常数的改正。

4. CPⅢ 平面网的平差计算及其精度评定

CPⅢ 平面网外业观测数据合格后，接着应该进行平面网的平差计算及其精度评定。由于 CPⅢ 平面网是规则图形的自由测站边角交会控制网，其起算数据是自由测站联测的 CPⅠ 或 CPⅡ 控制点的已知坐标，网中基本的观测量是测站至各 CPⅢ 点、CPⅠ 点或 CPⅡ 点的水平方向和水平距离，网中的未知量是各 CPⅢ 点的坐标和各自由测站点的坐标。需要说明的是，虽然自由测站点的坐标不是工程所需要的，但为了构网和采用严密平差的方法得到 CPⅢ 点的坐标，平差时必须把自由测站点的坐标当做未知量一起求解。由于每个 CPⅢ 点被三个测站的边角交会，因此网中的多余观测数众多，鉴于间接平差的众多优点和便于编程实现，因此 CPⅢ 平面网应该采用间接平差的方法进行平差计算和精度评定。下面介绍 CPⅢ 平面网间接平差和精度评定的原理和方法。

1)CPⅢ 点和自由测站点近似坐标的推算

前已述及，CPⅢ 网是随着我国无砟轨道的建设从德国引进的，是一种全新的测量网形，自由测站边角交会测量方式在国内并不多见，国内较为通用的测量平差软件均不能很好地对 CPⅢ 网观测数据进行平差和精度评定，原因在于 CPⅢ 网形是狭长形的，且在已知点上未测站观测，常规方法无法正确推算 CPⅢ 网点平差的近似坐标。因此，要实现 CPⅢ 自由测站边角交会网平差和精度评定的关键，在于首先要实现网中未知点近似坐标的正确计算。

CPⅢ 自由测站边角交会网与常规测量控制网不同，常规方法无法正确推算其近似坐标，因此下面介绍 CPⅢ 平面网分区无定向近似坐标计算方法。分区无定向近似坐标算法是对常规无定向近似坐标算法的一种改进，该方法计算的近似坐标与其真值偏差较小，特别适用于 CPⅢ 平面网点近似坐标的计算。分区无定向近似坐标算法的基本思路如下：

以测站为单位，令 CPⅢ 自由测站边角交会网第一个测站点的坐标为(0，0)，第一个测站点到其观测的第一个 CPⅢ 点的坐标方位角为 0，定义假定 CPⅢ 网坐标系。

按极坐标计算方法或自由测站坐标计算方法计算各点的坐标。当计算的坐标中，有一定数量的CPⅡ点时，则采用四参数坐标转换的方法将已推算的CPⅢ点和测站点的坐标转换到以CPⅡ点为基准的坐标系中。

令下一个测站的测站点坐标为(0，0)，该测站点到其观测的第一个CPⅢ点的方位角为0，重复上述两步，则可完成全部CPⅢ点和测站点近似坐标的计算。

分区无定向CPⅢ平面网近似坐标算法主要由极坐标计算、自由测站坐标计算、四参数坐标转换三部分组成。

(1)极坐标计算，就是在CPⅢ平面网第一测站中定义假定CPⅢ坐标系，而后计算第一测站各CPⅢ点的假定坐标系坐标。极坐标计算要求具备的条件为假定两个已知点或假定一个已知点和一个已知方位角，如图14.7所示。

图14.7　极坐标计算示意图

图中角度 β 为边 S_{SA}、S_{SB} 的夹角，α_{SA} 为 SA 方向的已知方位角，测站 S 点的坐标为(X_S、Y_S)，则可按下式计算 B 点的坐标：

$$X_B = X_S + S_{SB} \times \cos(\alpha_{SA} + \beta)$$
$$Y_B = Y_S + S_{SB} \times \sin(\alpha_{SA} + \beta) \tag{14-1}$$

(2)自由测站坐标计算，是用来计算第二个及以后各自由测站点的坐标。要求测站点对两个或两个以上上一测站已观测的CPⅢ点进行方向和距离的观测，且被观测的CPⅢ点在假定CPⅢ坐标系中的坐标已知。如图14.8所示，自由测站坐标计算的方法如下：

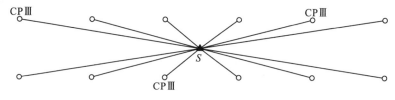

图14.8　自由测站坐标计算原理示意图

假设测站点 S 在仪器站心坐标系下的坐标为(0，0)，则CPⅢ点在仪器站心坐标系下的坐标为

$$X'_{CPⅢ} = S \times \cos\alpha$$
$$Y'_{CPⅢ} = S \times \sin\alpha \tag{14-2}$$

式中，α、S 分别为自由测站到CPⅢ点的方位角、距离观测值。

仪器站心坐标系与假定CPⅢ坐标系的坐标转换关系式为

$$\begin{bmatrix} X_{CP\mathbb{II}} - X_S \\ Y_{CP\mathbb{II}} - Y_S \end{bmatrix} = \begin{bmatrix} \cos\varphi & -\sin\varphi \\ \sin\varphi & \cos\varphi \end{bmatrix} \times \begin{bmatrix} X'_{CP\mathbb{II}} \\ Y'_{CP\mathbb{II}} \end{bmatrix} \tag{14-3}$$

式中，$X_{CP\mathbb{II}}$、$Y_{CP\mathbb{II}}$ 为 CP Ⅲ点在假定 CPⅢ坐标系中的坐标，X_S、Y_S 为测站点 S 在假定 CPⅢ网坐标系中的坐标，φ 为自由测站水平度盘零方向的坐标方位角。

令 CPⅢ点坐标转换后的坐标为虚拟观测值，其与假定已知坐标之差为虚拟观测值的改正数，则可列出虚拟观测值的误差方程式为

$$\begin{bmatrix} V_X \\ V_Y \end{bmatrix} = \begin{bmatrix} 1 & 0 & S \times \cos\alpha & -S \times \sin\alpha \\ 0 & 1 & S \times \sin\alpha & S \times \cos\alpha \end{bmatrix} \begin{bmatrix} X_S \\ Y_S \\ \cos\varphi \\ \sin\varphi \end{bmatrix} - \begin{bmatrix} X^o_{CP\mathbb{II}} \\ Y^o_{CP\mathbb{II}} \end{bmatrix} \tag{14-4}$$

式中，$X^o_{CP\mathbb{II}}$、$Y^o_{CP\mathbb{II}}$ 为 CPⅢ点在假定 CPⅢ坐标系中的已知坐标。

当后一测站观测前一测站 CPⅢ点的数目大于两个时，按间接平差原理，令权阵 P 为单位阵，满足 $V^TPV=\min$ 的原则进行参数估计，则可求出测站点 S 在假定 CPⅢ网坐标系中的坐标。

(3)CP Ⅰ或 CPⅡ所在的线路坐标系与上述假定 CPⅢ坐标系之间的坐标转换，可采用下面的四参数坐标转换公式：

$$\begin{bmatrix} x \\ y \end{bmatrix}_{新} = \begin{bmatrix} \Delta x \\ \Delta y \end{bmatrix} + (1+k) \begin{bmatrix} \cos\alpha & \sin\alpha \\ -\sin\alpha & \cos\alpha \end{bmatrix} \begin{bmatrix} x_o \\ y_o \end{bmatrix}_{旧} \tag{14-5}$$

式中，Δx，Δy 为平移参数，k 为尺度参数，α 为旋转参数；旧坐标为 CPⅢ点和测站点在假定 CPⅢ坐标系中的坐标，新坐标为 CP Ⅰ或 CPⅡ所在的线路坐标系中的坐标。

将上式中的 4 个转换参数作为平差参数开列误差方程得

$$v_x = \delta\Delta x + (x_o\cos\alpha^o + y_o\sin\alpha^o)\delta k + [-x_o(1+k^o)\sin\alpha^o + y_o(1+k^o)$$
$$\cos\alpha^o]\delta\alpha - l_x v_y = \delta\Delta y + (-x_o\sin\alpha^o + y_o\cos\alpha^o)\delta k + [-x_o(1+k^o)$$
$$\cos\alpha^o - y_o(1+k^o)\sin\alpha^o]\delta\alpha - l_y \tag{14-6}$$

$$l_x = x - [\Delta x^o + (1+k^o)(x_o\cos\alpha^o + y_o\sin\alpha^o)]$$
$$l_y = y - [\Delta y^o + (1+k^o)(-x_o\sin\alpha^o + y_o\cos\alpha^o)] \tag{14-7}$$

式中，Δx^o，Δy^o，k^o，α^o 为平差参数的近似值。

若公共点(也即 CP Ⅰ或 CPⅡ点)的个数大于 2，则可根据最小二乘原理，满足 $V^TV=\min$ 的原则进行参数估计，就可求得式(14-5)中无偏最优的转换参数 Δx、Δy、k 和 α。根据在公共点求得的转换参数 Δx、Δy、k 和 α，再利用四参数转换模型式(14-5)，即可将计算的 CPⅢ点和测站点的假定坐标转换到 CP Ⅰ或 CPⅡ点所在的线路坐标系中。

2)开列距离和水平方向观测值误差方程的开列

已知网中水平距离观测值 S 及其改正数 v_S，与网中待定点近似坐标 X^0、

Y^0 及其近似坐标改正量 δx、δy 之间的关系为

$$S_{ij} + v_{S_{ij}} = \sqrt{[(X_j^0 + \delta x_j) - (X_i^0 + \delta x_i)]^2 + [(Y_j^0 + \delta y_j) - (Y_i^0 + \delta y_i)]^2}$$

(14-8)

上式按泰勒公式展开，并仅取至一次项，便得距离误差方程为

$$v_{S_{ij}} = -\frac{X_j^0 - X_i^0}{S_{ij}^0}\delta x_i - \frac{Y_j^0 - Y_i^0}{S_{ij}^0}\delta y_i + \frac{X_j^0 - X_i^0}{S_{ij}^0}\delta x_j + \frac{Y_j^0 - Y_i^0}{S_{ij}^0}\delta y_j - (S_{ij}^0 - S_{ij})$$

(14-9)

式中，近似距离 $S_{ij}^0 = \sqrt{(X_j^0 - X_i^0)^2 + (Y_j^0 - Y_i^0)^2}$。

已知水平方向观测值 L 及其改正数 v_L，与待定点近似坐标 X^0、Y^0 及其近似坐标改正量 δx、δy 之间的关系为

$$\tan(L_{ij} + v_{L_{ij}} + w_i) = \frac{(Y_j^0 + \delta y_j) - (Y_i^0 + \delta y_i)}{(X_j^0 + \delta x_j) - (X_i^0 + \delta x_i)}$$

(14-10)

上式按泰勒公式展开，并仅取至一次项，便得水平方向误差方程为

$$v_{L_{ij}} = \rho\frac{Y_j^0 - Y_i^0}{S_{ij}^0{}^2}\delta x_i - \rho\frac{X_j^0 - X_i^0}{S_{ij}^0{}^2}\delta y_i - \rho\frac{Y_j^0 - Y_i^0}{S_{ij}^0{}^2}\delta x_j + \rho\frac{Y_j^0 - Y_i^0}{S_{ij}^0{}^2}\delta y_j - \delta w_i$$
$$- [T_{ij}^0 - (L_{ij} + w_i^0)]$$

(14-11)

式中，$\rho = 206265''$，近似坐标方位角 $T_{ij}^0 = \arctan\frac{Y_j^0 - Y_i^0}{X_j^0 - X_i^0}$。$w_i$ 为测站 I 上整组方向的定向角未知数，其近似值由下式计算：

$$w_i^0 = \frac{\sum_{j=1}^{n}(T_{ij}^0 - L_{ij})}{n}$$

(14-12)

若测点 j 为 CPⅠ 或 CPⅡ 点，则式(14-8)和式(14-11)中的近似坐标改正量 δx_j、δy_j 为零，也即该点为已知点。

3)水平方向和距离观测值权的确定

由于 CPⅢ 平面网中包括距离和水平方向两类独立不相关的观测量，要对不同类观测值统一进行间接平差，不仅需要建立同类观测值的权比关系，而且需建立这两类观测值间的权比关系。一般可按照经验定权法确定两类观测值的权比关系，具体定权方式如下：

以水平方向观测值的中误差 σ_L 为单位权中误差，即 $\sigma_0 = \sigma_L$，那么距离和水平方向观测值的初始权分别为

$$\left.\begin{array}{l} P_{Si} = \dfrac{\sigma_0^2}{\sigma_{Si}^2} = \dfrac{\sigma_L^2}{(a + b \times S_i)^2}（单位:(\,''\,)^2/\mathrm{mm}^2） \\[4mm] P_L = \dfrac{\sigma_0^2}{\sigma_L^2} = 1（无量纲） \end{array}\right\}$$

(14-13)

式中，a、b 为距离测量的固定和比例误差，可根据仪器的标称精度确定；S_i 为自由测站点到目标点的水平距离，σ_{Si} 为距离测量的中误差。

式(14-13)中水平方向观测值先验中误差 σ_L，可依据控制网的等级指标或仪器标称精度来确定；而 a、b 也可以根据全站仪的标称精度确定。这种根据验前精度确定各类观测量权的方法，虽然比较简单，但往往有缺陷和局限性。控制网等级规定的精度或仪器的标称精度只是一个平均值，可能与实际情况有较大的出入，所以上述通过验前估算方差来定权的方法，实践证明在许多情况下是不够精确的。因此，为了提高方差估计的精度，可以采用验后的方法即赫尔墨特方差分量估计各类观测量的方差。其基本思想是，先对各类观测量按式(14-13)定初权，进行预平差，利用预平差后得到的信息，主要是各类观测值的改正数 V，按验后估计各类观测量验前方差，再根据验前方差确定各类观测值的权。

4)精度评定

根据距离误差方程式(14-8)和水平方向误差方程式(14-11)，可列出观测量误差方程式的系数矩阵 $\boldsymbol{B}$；再按照上面介绍的赫尔墨特方差分量估计方法，可确定距离和水平方向观测值的权矩阵 $\boldsymbol{P}$。这样误差方程式(14-8)和(14-11)，可写成矩阵形式为

$$V = B\delta X - L \tag{14-14}$$

按最小二乘原理，解误差方程得：

$$\delta X = (\boldsymbol{B}^{\mathrm{T}}\boldsymbol{P}\boldsymbol{B})^{-1}\boldsymbol{B}^{\mathrm{T}}\boldsymbol{P}\boldsymbol{L} \tag{14-15}$$

和 $\sigma_o = \pm\sqrt{\dfrac{\boldsymbol{V}^{\mathrm{T}}\boldsymbol{P}\boldsymbol{V}}{n-t}}$ $\tag{14-16}$

对式(14-15)，由协因数传播律，得未知坐标协因数阵为

$$Q_{\overline{XX}} = Q_{\delta X \delta X} = (\boldsymbol{B}^{\mathrm{T}}\boldsymbol{P}\boldsymbol{B})^{-1}\boldsymbol{B}^{\mathrm{T}}\boldsymbol{P}Q_{LL}\left[(\boldsymbol{B}^{\mathrm{T}}\boldsymbol{P}\boldsymbol{B})^{-1}\boldsymbol{B}^{\mathrm{T}}\boldsymbol{P}\right]^{\mathrm{T}} = (\boldsymbol{B}^{\mathrm{T}}\boldsymbol{P}\boldsymbol{B})^{-1} \tag{14-17}$$

这样，CPⅢ点位 X 和 Y 方向坐标中误差及其点位误差可按下式计算：

$$\left.\begin{aligned}\sigma_{X_i} &= \sigma_0\sqrt{Q_{\overline{X_i X_i}}}\\ \sigma_{Y_i} &= \sigma_0\sqrt{Q_{\overline{Y_i Y_i}}}\\ \sigma_{P_i} &= \sqrt{\sigma_X^2 + \sigma_Y^2}\end{aligned}\right\} \tag{14-18}$$

衡量 CPⅢ平面网最主要的精度指标，是相邻 CPⅢ点之间的相对点位中误差，下面介绍此项精度指标的计算方法。设两相邻 CPⅢ点 P_i、P_j，这两点的相对位置可通过坐标差来表示，即

$$\left.\begin{aligned}\Delta X_{ij} &= \hat{X}_j - \hat{X}_i\\ \Delta Y_{ij} &= \overline{\overline{Y}}_j - \overline{Y}_i\end{aligned}\right\} \tag{14-19}$$

对式(14-19)，根据协因数传播律可得

$$
\left.
\begin{aligned}
Q_{\Delta X \Delta X} &= Q_{\overline{X_j}\,\overline{X_j}} + Q_{\overline{X_i}\,\overline{X_i}} - 2Q_{\overline{X_j}\,\overline{X_i}} \\
Q_{\Delta Y \Delta Y} &= Q_{\overline{Y_j}\,\overline{Y_j}} + Q_{\overline{Y_i}\,\overline{Y_i}} - 2Q_{\overline{Y_j}\,\overline{Y_i}} \\
Q_{\Delta X \Delta Y} &= Q_{\overline{X_j}\,\overline{Y_j}} - Q_{\overline{X_j}\,\overline{Y_i}} - Q_{\overline{X_i}\,\overline{Y_j}} + Q_{\overline{X_i}\,\overline{Y_i}}
\end{aligned}
\right\}
\tag{14-20}
$$

那么，相邻 CPⅢ 点之间 X、Y 方向的相对点位中误差及其相对点位中误差，可按下式计算：

$$
\left.
\begin{aligned}
\sigma_{\Delta X} &= \sigma_0 \sqrt{Q_{\Delta X \Delta X}} \\
\sigma_{\Delta Y} &= \sigma_0 \sqrt{Q_{\Delta Y \Delta Y_i}} \\
\sigma_{\Delta P} &= \sqrt{\sigma_{\Delta X}^2 + \sigma_{\Delta Y}^2}
\end{aligned}
\right\}
\tag{14-21}
$$

一个合格的 CPⅢ 平面网，要求其所有相邻 CPⅢ 点之间的相对点位中误差 $\sigma_{\Delta P}$ 均小于 ± 1 mm。

5）平差过程

CPⅢ 平面网与常规边角网的平差过程也有所不同，CPⅢ 平面网的平差过程一般分两步进行。首先进行 CPⅢ 平面网的最小约束自由网平差，此时把自由测站观测的 CPⅠ、CPⅡ 和 CPⅢ 点均作为未知点，以网的中心为位置基准、以网中某边的假定坐标方位角为方向基准进行自由网平差，自由网平差后观察距离和方向改正数的大小是否满足规范要求；然后，以联测的 CPⅠ 或 CPⅡ 点为已知点，进行 CPⅢ 平面网的约束平差，约束平差后观察距离和方向改正数的大小、各 CPⅢ 点的点位中误差以及相邻 CPⅢ 点的相对点位中误差是否满足规范的要求。

值得注意的是，CPⅢ 平面网自由网平差时，其验后单位权中误差式(14-16)计算时的多余观测数，应按下式计算：

$$
n - t = (n_1 + n_2) - 2 \times (t_1 + t_2) - t_1 - 3 \tag{14-22}
$$

式中，n_1、n_2 分别为距离和方向观测值个数，t_1、t_2 分别为自由测站数和 CPⅢ 点数。

CPⅢ 平面网约束网平差时，其验后单位权中误差式(14-16)计算时的多余观测数，应按下式计算：

$$
n - t = (n_1 + n_2) - 2 \times (t_1 + t_2) - t_1 + (2 \times t_3 - 3) \tag{14-23}
$$

式中，n_1、n_2 和 t_1、t_2 的含义同式(14-22)，t_3 为联测的 CPⅠ 或 CPⅡ 点数。

6）CPⅢ 平面网平差后的精度要求

CPⅢ 平面网自由网平差后，方向和距离改正数的大小，应满足表 14.3 的要求。

表 14.3　自由网平差后的主要技术要求

控制网名称	方向改正数	距离改正数
CPⅢ平面网	±3″	±2 mm

CPⅢ平面网约束平差后，方向和距离改正数及点位中误差的大小，应满足表 14.4 的要求。

表 14.4　CPⅢ平面网约束平差后的主要技术要求

控制网名称	与 CP Ⅰ、CPⅡ点联测		与 CPⅢ点联测		点位中误差
	方向改正数	距离改正数	方向改正数	距离改正数	
CPⅢ平面网	±4″	±4mm	±3″	±2mm	±2mm

5. CPⅢ平面网区段间的搭接处理

前已述及，一般情况下 CPⅢ平面网分区段进行测量，区段之间要求搭接六对 CPⅢ点。区段之间衔接前，前、后区段 *CP*Ⅲ平面网各自独立平差后重叠点坐标差值应≤±3mm。满足该条件后，后一区段 CPⅢ网平差，应采用本区段联测的 CP Ⅰ、CPⅡ控制点及重叠段前一区段连续的 1~3 对 CPⅢ点作为约束点进行约束平差计算，其余未约束的搭接点约束平差后的坐标与原坐标较差应≤±1mm，满足该条件后未约束的搭接点最后坐标取前一区段的原坐标和约束平差后坐标的均值。

第二节　CPⅢ高程网测量的方法

CPⅢ高程网的精度要求更高，要求相邻 CPⅢ点之间的高差中误差应小于±0.5mm，因此 CPⅢ高程网主要采用精密水准仪和二等水准测量的方法进行测量，要求精密水准仪高差测量的标称精度应小于±1.0mm/km，而且由于 CPⅢ点数量众多，因此一般采用电子水准仪。CPⅢ高程网水准路线应每 2km 左右附合于线路水准基点，CPⅢ点与线路水准基点的联测应按二等水准测量技术要求进行往返测。目前一般采用我国的矩形法进行 CPⅢ高程网测量，下面介绍这种方法的测量原理及相关技术要求。

1. 矩形法 CPⅢ高程网测量方法

在我国 CPⅢ高程网的外业施测过程中，目前推荐采用以下单程水准测量方法，即矩形法。

如图 14.9 所示，空心箭头表示高差传递方向。假设 CPⅢ高程网的高差测量从左侧推向右侧，则在最左侧四个 CPⅢ点中间设置测站，测量四个 CPⅢ点间的四个测段高差，考虑到这四个测段高差所组成四边形闭合环的独立性，这四个测段高差至少应该设置两个测站完成测量。随后水准仪搬迁至紧邻的四个CPⅢ点中间，进行第二个四边形的高差测量，由于此四边形中有一个测段的高差在第一个四边形中已经观测，此时只需设置一个测站完成第二个四边形中三个测段高差的测量。其他四边形各测段高差测量的方法与第二个四边形相同，依此类推一直把所有四边形的测段高差观测完。在每个四边形中的测段高差测量时，同样遵循前后视水准测量按照单数站"后前前后"和偶数站"前后后前"的测量顺序进行测量。

由于上述 CPⅢ高程网测量方法形成的四边形闭合环均为规则的矩形，因此简称此方法为矩形法。同样要求矩形法的四边形闭合环的高差闭合差应小于±1.0mm。

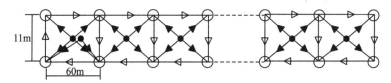

图 14.9　矩形法 CPⅢ高程网测量过程示意图

2. 矩形法的优点

(1)从图 14.9 所示的观测路线可以看出，矩形法只进行单程观测，就能联测到线路中所有 CPⅢ点，测站测量员和跑尺人所走距离较中视法大大减少，因此矩形法测量效率较中视法高。

(2)矩形法 CPⅢ高程网测量只涉及后视和前视，符合我国传统等级水准测量习惯，因此有相应的测量技术规范作为指导。

(3)图 14.10 为矩形法 CPⅢ高程网测量形成的闭合环情况。由图可知，除线路最左端和最右端两对 CPⅢ点外，其他的各对 CPⅢ点均在相邻的两个矩形闭合环中形成高差闭合差检核条件，因此该方法探测粗差的能力强、可靠性高。

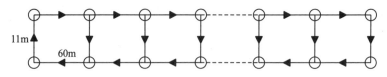

图 14.10　矩形法水准测量闭合环示意图

综上所述，采用矩形法进行 CPⅢ高程网观测，其施测时的可操作性、理论上的合理性、外业观测值的可靠性和实际观测效率均较中视法强。

3. CPⅢ高程网的平差计算及其精度要求

矩形法测量所形成的 CPⅢ高程网中的闭合环数量均比较多，因此外业观测后应根据闭合环的高差闭合差计算每公里高差测量的全中误差，此项精度指标应小于±2.0mm，满足要求后即可进行 CPⅢ 高程网的平差计算。CPⅢ 高程网的平差计算，起算数据为 CPⅢ 高程网联测的线路水准基点的高程，观测值为各测段的高差，以 1km 水准路线的高差观测值为单位权观测值，按与测段长度成反比的方法定权，并采用间接平差的方法进行。

平差后，要求矩形中各测段高差平差值的中误差应小于±0.5mm，验后单位权中误差，即每公里高差测量的偶然中误差应小于±1.0mm/km，满足这些要求后，这一区段的 CPⅢ 高程网的外、内业测量成果合格。

第十五章　大型桥梁施工测量监控实施

第一节　工　程　概·况

　　＊＊大桥主桥为桥跨(69+124+69)m 的连续刚构桥，而大跨度连续刚构桥主要地由主墩和边墩基础、墩柱、主墩上的零号块和主梁以及边墩上的盖梁组成，是四种大跨度桥梁中的主要桥型之一。该桥型的上部构造即主梁的施工，常采用挂篮悬臂浇筑法施工，即每浇筑一块混凝土箱梁，混凝土达到强度后就进行钢绞线穿束和预应力张拉，然后前移挂篮，浇筑下一块箱梁，周而复始直至合拢。

第二节　＊＊大桥施工测量监控的内容

　　在大跨度连续刚构桥挂篮悬臂浇筑法施工过程中，由于跨度大和悬臂长，主梁的挠度变形是显著的，既有重力引起的向下挠度变形，又有张拉力引起的向上的挠度变形，还有温度变化引起的温度升高悬臂向下、温度降低悬臂向上的挠度变形。这种挠度变形在大跨度连续刚构桥上部构造施工过程中，必须对其进行监测，并在计算箱梁放样标高时考虑改正，只有这样才能保证对向施工悬臂的竖向合拢精度，从而确保成桥线型、内力和施工质量，因此主梁施工悬臂箱梁的挠度变形监测在大跨连续刚构桥施工中占有极其重要的地位。除此之外，由于施工误差如混凝土箱梁尺寸误差、块重误差、张拉力的不平衡和梁面施工临时荷载堆放的不平衡等因素的作用，有可能使已施工箱梁产生横向位移，而这种横向位移若不加以监测、控制和调整，将使主梁的平面位置产生变形，导致对向施工的悬臂箱梁的中线合拢困难，因此在大跨度连续刚构桥施工过程中，悬臂箱梁的中线位移监测也是必不可少的测量监控内容之一；随着承台的竣工及其随后的墩柱、零号块和悬臂箱梁的不断施工，作用在主墩和边墩承台基础上的荷载愈来愈大，在这种情况下，会不会造成承台基础的沉降，也应该在上部构造施工过程中进行监测。因为这种承台基础的沉降，近期将影响对向施工悬臂的竖向合拢，后期会影响通车运营的质量和安全；最后，在对向施工悬臂即将合拢的时候，应不断监测对向悬臂箱梁的高差和中线偏位的情况，并不断地在合拢段的后续几块箱梁中进行调整，以确保＊＊大桥的竖向合拢和平面合拢精度。

综上，＊＊大桥主桥上部构造的施工过程中，测量监控的内容主要为：

(1)主墩承台基础的沉降监测；

(2)悬臂箱梁的挠度变形监测；

(3)悬臂箱梁的中线位移监测；

(4)合拢误差的控制与调整；

(5)温度对大跨度连续刚构桥悬臂箱梁线形的影响及其对策。

第三节　＊＊大桥施工测量监控变形监测网的建立

任何一项工程施工中的变形监测，都离不开稳定的基准网或基准点，根据基准网或基准点，监测布设在建筑物上观测点的位移。为使全桥各构造物的变形监测有统一的基准，应布设控制全桥范围的平面和高程变形监测网，并以监测网中的各网点作为基准，进行＊＊大桥主桥上部构造的施工过程中的测量监控。从施工的影响范围和稳定性方面考虑，平面和高程监测网的各网点，应布设在施工影响范围以外的岸上。

从基准点到监测点的联测误差，随基准点到观测点间距离的增大而增大。＊＊大桥上部构造施工过程中测量监控的观测点，大都布设在各主墩的主梁上或各主墩的承台面上，远离岸上的基准点，若从岸上的基准点直接监测观测点的变形，则联测误差必然过大而降低变形监测的灵敏度。为解决这个问题，一般是在基准点和观测点之间，布设工作基点，从而通过基准点，监测工作基点的位移，通过工作基点，监测观测点的位移。大跨度连续刚构桥施工测量监控的工作基点，一般布设在各主墩的承台面上或零号块顶、底面。

对于大型桥梁施工的测量控制和测量监控而言，通常的做法是把施工控制网和变形监测网合二为一，＊＊大桥施工的测量控制和测量监控也不例外，应把施工控制网和变形监测网合二为一，以方便施工控制和测量监控。

1. 变形监测网的精度等级

根据工程测量规范和类似工程施工测量监控的经验，＊＊大桥施工测量监控的平面和高程监测网，均应布设二等平面和高程控制网，其主要精度指标为：平面网——测角中误差不大于±2″，测距的相对中误差不大于1/(25万)，最弱边的相对中误差不大于1/(12万)；高程网——每公里水准测量往返测高差中数的偶然中误差不大于±1mm，每公里水准测量往返测高差中数的全中误差不大于±2mm。

2. 变形监测网的施测方法

平面网布设成既测角又测边的边角网，以有利于观测点纵向和横向精度的提高；基准网和工作基点网可以分次观测、分别平差，也可以一次观测、整体平差。一般情况下都是施工控制在前，测量监控在后，因此常采用分次观测、分别平差的方法建立基准网和工作基点网。基准网和工作基点网的外业观测，应采用测角标称精度不低于 $\pm 2''$ 和测距标称精度不低于 $\pm(2\text{mm}+2\text{ppm})$ 的全站仪进行观测。

高程网只能采用目前竖向精度最高的水准网，由于要跨越水面和把承台面上的高程传递到零号块的顶、底面，因此这样的水准网中，既有常规的精密水准测量，又有跨河水准测量，还有悬吊钢尺精密水准测量。水准网中常规精密水准测量的外业观测，应采用标称精度不低于 DS1 级的精密水准仪和配套精密水准尺进行观测。跨河水准测量除采用上述水准仪和水准尺外，还应采用专用的跨河水准占牌。悬吊钢尺精密水准测量除采用上述水准仪和水准尺外，还应使用鉴定钢尺和尺夹、标准重锤等工具。

3. 变形监测网的数据处理

全部外业数据采集后，进行外业观测资料的精度评定，外业精度评定合格后，才可进行平面网和高程网的内业平差计算和内业精度评定，内业数据处理拟采用武汉测绘科技大学的通用平差软件——COSA 程序进行。

第四节　主墩承台基础的沉降监测

在主梁施工期间，随着悬臂长度的不断增加，作用在主墩承台基础上的荷载愈来愈大，如果主墩承台基础在设计上有不足之处或在施工质量上有欠缺的话，不断增加的荷载，有可能使主墩承台基础产生均匀或不均匀沉降，主墩承台基础的均匀沉降不会影响主梁施工的质量和安全，但两主墩承台间不等量的均匀沉降，将会造成中跨竖向合拢困难，除此之外，过大的均匀沉降，还会造成主梁与边跨的竖向合拢困难；主墩承台基础的不均匀沉降，首先导致墩柱和零号块的倾斜，进而导致主梁的扭转变形，因此主梁施工期间主墩承台基础的沉降变形监测，是大跨度连续刚构桥测量监控的项目之一，除此之外，此项变形监测也是验证主墩承台基础设计计算是否合理以及桩基施工质量的主要手段。

1. 主墩承台基础沉降监测的方法

主墩承台基础沉降监测，仍采用传统的精密水准测量和精密跨河水准测量的方法，通过设置在岸上基准网中的基准点，定期地向布设在主墩承台基础上的监测点进行观测，则监测点在不同观测周期间标高的变化，即为承台基础在不同工况下的沉降变形。作为此项变形监测的监测点，布设在承台的四周，共布设 4～6 个点，可充分反映承台基础的均匀沉降和不均匀沉降；沉降监测的周期，在整个主梁施工期间共观测 4 周期，约 3 个月观测一期或每施工 6～8 个梁段观测一个周期。

2. 沉降监测的精度

按照前述的主梁挠度监测的设计精度，进行主墩承台基础的沉降监测，由于岸上基准点到监测点水准联测的测站数，最多不超过 8 个测站，二等水准测量每测站高差测量的中误差不大于 ±0.3mm，因而基准点到主墩承台基础沉降观测点的高差测量中误差最大为 ±1.70mm，也即主墩承台基础监测的灵敏度也为 ±1.70mm，显然这样的精度能满足 ＊＊大桥施工测量监控的精度要求。

第五节　悬臂箱梁的挠度变形监测

大跨度连续刚构桥悬臂箱梁施工中，挠度变形是主要的，及时高精度测量施工过程中各个工况下悬臂箱梁挠度变形的大小和规律，对指导施工和保证对向施工悬臂的高精度合拢是至关重要的。众所周知，悬臂箱梁的施工标高＝设计成桥标高＋弹性总挠度＋预拱度＋挂篮的挠度，式中的弹性总挠度和预拱度是由设计者根据悬臂长度、钢筋混凝土的力学性质、张拉力的大小以及同类桥型的实测挠度等因素，采用一些经验参数和各种假设条件下的数学模型计算出来的。由于参数选择的不准确和计算模型的误差，使得计算结果不可避免地存在误差。此外，由于施工过程中出现的误差，如箱梁混凝土块重误差、配筋误差、预应力管道位置误差、张拉力误差、温度影响、测量放样误差以及挂篮多次使用后的非弹性变形和其他未顾及因素的影响，都有可能使实际施工悬臂的力学性质发生变化，从而出现与设计计算不相吻合的挠度变形。在这种的情况下，若继续采用原设计数据进行施工，有可能使已施工的悬臂线型与设计线型偏差较大，造成合拢困难而影响成桥质量。因此，高精度及时测量悬臂箱梁的挠度变形，在大跨度刚构桥施工中占有十分重要的地位，当实测挠度与计算挠度相差较大时，应以实测挠度计算施工标高，从而实时地指导施工，以确保对向施工的悬臂高精度自然合拢，并保证成桥线型最大限度地接近设计线型。

1. 监测方法

前已述及，任何一项内容的变形监测，都必须有基准网或基准点，当基准网或基准点远离监测点时，还要布设工作基点，悬臂箱梁挠度变形监测也不例外。由于大跨度连续刚构桥一般均位于深水中，而且主墩的承台也处于不断的沉降变形之中，因此箱梁挠度变形监测的基准网或基准点，应建立在河流两岸的稳定处，基准点的数量不少于 3 个，并构成网形成基准网。此项变形监测的工作基点，一般布设在承台面上和零号块顶面上。根据岸上的基准点，通过跨河水准测量的方法，监测承台上工作基点的稳定性。根据承台上的工作基点，通过悬挂钢尺水中测量的方法，监测零号块上工作基点的稳定性。而悬臂箱梁的挠度变形监测，则是根据零号块上的工作基点，采用精密水准仪和因瓦水准尺，以精密水准测量的方法，周期性地对预埋在悬臂中每一块箱梁上的监测点进行监测，则不同工况下同一监测点标高的变化（差值），就代表了该块箱梁在这一施工过程中的挠度变形。

2. 观测周期

连续刚构桥挂篮悬臂浇筑法施工，一般每一块箱梁分为三个施工阶段，即挂篮前移阶段、浇筑混凝土阶段和预应力张拉阶段。为配合施工，有效地反映箱梁在不同施工阶段中的挠度变形情况，应以施工阶段作为挠度观测的周期，即每施工一块混凝土箱梁，应在挂篮前移后、浇筑混凝土后和张拉后，对已施工箱梁上布设的监测点观测一次。这样随着箱梁块数的增加，愈靠近零号块的箱梁，其上的监测点被观测的次数愈多，其标高的变化就代表了该点所在的箱梁在不同施工阶段中挠度变形的全过程。这种挠度变形观测程序，称之为连续刚构桥三阶段挠度观测法。而工作基点的稳定性监测，通常与承台沉降监测同期进行，根据荷载增加的速度和施工速度，一般每 3 个月观测一次。

3. 观测的水准路线形式

主梁施工挠度变形监测的水准路线，以各自墩零号块上的工作基点为起闭点，采用闭合水准路线的形式进行挠度变形监测。闭合水准路线具有容易检测粗差、提高外业观测数据的自检核能力和可进行单程观测、减少外业工作量及缩短外业观测时间等优点。由于＊＊大桥施工测量监控外业挠度变形观测的工作量比较大，所以在这种情况下，缩短外业观测时间、减少外业工作量和消减温度变化对挠度观测结果的影响，对及时进行挠度观测、不漏测、保证观测精度和配合施工，具有重要意义。挠度观测所采用的闭合水准路线本身已构成检核条件，因此可不进行往返观测，这样可减少一半的外业观测工作量。

4. 挠度观测点的埋设

为监测悬臂中每一块箱梁在施工过程中的挠度变形情况，应在每一块箱梁前端顶面分上、下水方向和中线各埋设直径约为 15～20mm、长度为 80～100mm 的钢棒（钢棒可预先加工，顶部磨圆，在浇筑混凝土前焊接好，圆端头露出混凝土表面约5mm)，作为挠度监测的观测点。按设计要求并考虑到所采用挂篮的结构特点，观测点应埋设在腹板顶部外侧1m处，以保证观测点本身的稳定性和极大限度地反映挠度变形，同时也不妨碍挂篮前移。同一块箱梁上、下水方向各埋设一个观测点，有两个方面的作用，一是通过两个点的挠度比较，可观察该块箱梁有无出现横向扭转；二是同一块箱梁上有两个观测点，其监测结果可进行比较和相互验证，以确保各块箱梁挠度观测结果的正确无误，从而真实地反映变形。

5. 挠度变形监测的精度

为提高挠度变形监测的精度，并使外业观测的工作量适中和易于达到设计的观测精度，一般在挠度变形观测中采用国家二等水准测量的精度等级和观测方法进行施测。下面分析这种精度等级的挠度变形监测的灵敏度。这种精度显然能满足像＊＊大桥这样的大跨度连续刚构桥施工挠度测量监控和指导施工的目的。

6. 挠度变形监测中所采取的一些有效措施

前已述及，大跨度连续刚构桥上部构造施工中，挠度变形监测的工作量大、影响因素多、重要性大，为做好这一工作，在挠度变形监测中应采取以下几条措施：

(1)挠度观测严格安排在清晨观测并完成。多座大跨度连续刚构桥悬臂"箱梁挠度——温度观测试验"结果表明，在该时间段内，悬臂箱梁正好处于夜晚温度降低上挠变形停止和白天温度上升下挠变形开始之前，是悬臂箱梁温度——挠度变形的相对稳定时段。此外，在该时段内，工人还未上班，因此此时进行挠度观测，可减少温度对观测结果的影响和施工对观测的干扰。

(2)张拉力所引起的箱梁挠度，有一个时间上的滞后效应，亦即张拉后上挠变形不会立即发生，而是在张拉后的4～6小时内逐渐完成。因为张拉力在箱梁内有一个释放的过程，因此张拉阶段的挠度观测，应安排在张拉完成6小时后的清晨进行，以真实地反映张拉所引起的箱梁挠度变形。

(3)相对于常规水准测量而言，由于挠度变形监测的视线长度较短和监测点与监测点之间的间距较小，因此在实际观测中，对大多数监测点可采取"前视变后视"的方法。即在当前测站，该监测点为前视读数，读数完后仪器不动，把该点的前视读数当作后一测站的后视读数。这样可保证高差观测的连续性、减少仪器和水准尺搬动的次数以及读数的次数，从而达到缩短外业观测工作量的目的。

7. 挠度变形监测外业观测过程中的主要限差

二等水准测量外业观测中的主要限差为：每测站视线长度小于 50m，前后视距差小于 1.0m，前后视距累计差小于 3.0m；基辅分划读数的差小于 0.5mm，基辅分划所测高差之差小于 0.7mm；测段往返测高差不符值或闭合水准路线闭合差应小于 $\pm 4 \times \sqrt{L}$ mm(L 为测段或闭合路线长度，以 km 为单位)或小于 $\pm 0.6 \times \sqrt{n}$ mm (n 为测段或闭合水准路线上的测站数)；由测段往返测高差较差计算的每千米水准测量高差中数的偶然中误差应小于 ± 1mm，由闭合环闭合差计算的每千米水准测量高差中数的全中误差应小于 ± 2mm。

第六节　悬臂箱梁的中线位移监测

前已述及，＊＊大桥为大跨度连续刚构桥，每个长悬臂由 29 块箱梁组成，若每块箱梁的水平位置放样误差较大，有可能造成悬臂箱梁中线的水平错位，此外主梁三项预应力的张拉误差、风力和温度的作用，也有可能使已浇段箱梁的中线在水平方向产生扭转变形，此项变形的结果，是导致中跨和边跨的中线合拢困难而影响成桥线形。因此为及时发现和调整此项变形，在主梁施工期间，主梁中线的变形监测也是＊＊大桥施工测量监测的项目之一。

1. 主梁中线变形监测的方法

由于＊＊大桥主桥为直线桥，为使主梁中线变形监测简便快速，直线桥的主梁中线在主梁施工期间的变形监测，拟采用全站仪视准线法或全站仪极坐标法进行观测。

经纬仪视准线法主梁中线变形监测，是通过设置桥墩之间的桥轴线作为基准线，定期地对布设在每个梁段上的中线点进行监测，则不同观测周期观测所得到的中线点相对于基准线横桥向方向上的偏距值之差值，即为不同工况下主梁中线的变形值。作为主梁中线变形监测的基准点，左右幅桥应各布设 5～7 个，每个 T 的零号块顶面两侧各布设 2 个点，布设时应注意基准点的稳定性和不受施工的干扰；作为主梁中线变形监测的监测点，在每个已施工梁段上各布设 1 个，具体位置为每个梁段前端断面线后退 10～15cm 的左右幅桥桥中线处，在钢板上放样出中点后冲眼作为监测点；中线变形监测的周期，建议在每 4～5 个梁段施工全部完成后观测一次。这样，愈靠近零号块的梁段，其监测点被观测的次数愈多，该点相对于基准线横向偏距的变化，就代表该点所在的梁段中线在后续梁段施工中的中线变形情况。

全站仪极坐标法主梁中线变形监测，拟采用测角和测距标称精度分别为 $\pm 2''$

和$\pm(2+2\times10-6)$mm/km的全站仪及其配套棱镜，按极坐标测量的方法，以平面监测网的两个测站点（一个为测站，另一个为后视方向点）为基准点，定期地向埋设在悬臂箱梁中线上的监测点进行监测，则不同工况下监测点x（顺桥向）和y（横桥向）坐标的变化量$\triangle x$、$\triangle y$，即为施工工况改变所引起的悬臂箱梁中线上在顺、横桥向方向的水平位移变形。

2. 全站仪视准线法主梁中线变形监测的精度

视准线法监测主梁中线的变形，变形量的中误差（M）主要受测站点和后视点仪器和目标对中误差（$M_{测中}$，$M_{后中}$）、后视点和监测点的照准误差（$M_{后照}$，$M_{监照}$）、监测点的对点误差（$M_{监点}$）和读数误差（$M_{监读}$）等的影响，即

$$M = \pm\sqrt{M_{测中}^2 + M_{后中}^2 + M_{后照}^2 + M_{监照}^2 + M_{监点}^2 + M_{监读}^2}$$

据有关文献，上述各项误差在400m范围内的统计值为±1mm，则$M=\pm2.45$mm，即中线变形监测的灵敏度为±4.9mm，考虑到中线变形为不同周期观测横向偏距值之差，因而对横向偏距影响相同的误差在相减时可大部分抵消，故上述估算精度为最不利时的情况，实际的监测精度应比该值高得多，因此按上述方法和精度观测的中线变形，应该也能满足中线变形监测的精度要求。

3. 全站仪极坐标法主梁中线变形监测的精度

极坐标法变形监测，变形量的中误差主要受仪器的测角和测距误差、测站点和后视点的对中误差及点位误差、监测点的对中误差、后视点和监测点的照准误差以及气象元素误差等的影响。由于测站点、后视点和监测点均采用了强制对中装置，因而可不考虑对中误差的影响；由于变形量为两坐标值之差，因而上述误差源中的固定误差部分，如测站点及后视点的点位误差、后视点及监测点的照准误差和光电测距中的固定误差等，在变形量计算时相互抵消了，因而也可不考虑这些误差的影响；根据有关资料统计，当温度的量测精度为±1℃，气压的量测精度为±2mb，则在1km范围内，气象元素误差所引起的乘常数误差将小于±1mm，因而只要对光电测距值进行气象改正，也可不考虑气象元素误差的影响。由此可见，索塔变形量的中误差主要受测角误差和测距中比例误差的影响。

考虑到测角误差主要影响监测点的横向精度，测距误差主要影响监测点的纵向精度，若由桥轴线附近的基准点监测主梁中线的位移，则测站点到监测点的距离将不超过300m。按全站仪的标称精度，估算监测点的横向和纵向中误差分别为

$$\begin{cases} m_y = \pm\dfrac{400000}{206265''}\times2'' = \pm2.9\text{mm} \\ m_x = \pm2\times0.4 = \pm0.8\text{mm} \end{cases}$$

则横桥向和顺桥向位移量的中误差为

$$\begin{cases} m_{\Delta y} = \sqrt{2} m_y = \pm 4.1\text{mm} \\ m_{\Delta x} = \sqrt{2} m_x = \pm 1.1\text{mm} \end{cases}$$

仍取 2 倍中误差为允许的极限误差，则按上述方法和精度监测的主梁中线水平位移量的最大误差分别为：横桥向 ±8.2mm 和顺桥向 ±2.2mm。因此上述方法及其监测精度，也能满足＊＊大桥主桥主梁中线测量监控的精度要求。施测时，水平角应至少观测 2 个测回以上，测回间的角值互差应小于 ±4s。测距时应注意量取温度和气压，并施加气象改正，此外还应注意仪器的整平、对中和棱镜的倾角及指向。

第七节　合拢误差的控制与调整

当施工进入该桥的长悬臂施工时，为使对向施工的悬臂箱梁能自然合拢，应密切注意已施工悬臂的线形和对向悬臂的相对情况，此时应每施工 4~5 个梁段，就进行一次全桥各 T 的线形通测，并与该工况下监控计算的线形进行比较，以决定后续箱梁的施工标高；此外，应逐块直接测量欲合拢的对向悬臂的高差和中线的相对情况，并与该工况下的监控计算的高差进行比较，以调整后续箱梁的施工标高。合拢误差调整的方法如下：

设欲合拢的对向悬臂箱梁底板的监控计算高差为 H'，而直接测量的欲合拢的对向悬臂箱梁底板的高差为 H''，当两者不相等时，说明现阶段存在合拢误差 $\Delta H = H'' - H'$，此误差应在下一块箱梁施工时消除，消除的方法是在欲合拢的对向下一块箱梁的施工标高中，分别加上现在已经存在的合拢误差的 1/2 即调整量为 $1/2\Delta H$，如此逐块调整，便可确保对向施工的悬臂箱梁能够自然地合拢。

第十六章 高铁隧道洞内平面控制网测量

隧道施工控制测量的目的，主要是控制隧道施工的横向贯通误差和指导洞内的施工，而横向贯通误差的大小主要取决于隧道施工的平面控制测量。隧道施工平面控制测量包括洞外平面控制测量和洞内平面控制测量。目前洞外的平面控制测量已经全部采用 GPS 测量技术，而洞内的平面控制测量则只能采用各种形式的导线。由于 GPS 隧道洞外控制网具有测量精度高、图形强度好和控制点数量少等优势。因此，目前隧道施工的横向贯通误差的大小主要取决于洞内平面控制测量的方法和精度。

对于高速铁路隧道而言，要求在隧道贯通后进行洞内线路平面控制网（CPⅡ）的建网测量。CPⅡ控制网是洞内轨道控制网（CPⅢ）平面网的起算数据，因此其精度至关重要。

第一节 CPⅡ控制网的基本知识

高速铁路建设过程中，CPⅡ控制网的主要作用，既是线下工程施工的测量基准，又是 CPⅢ平面网的起算基准，而隧道洞内的 CPⅡ控制网则主要是洞内CPⅢ平面网建网测量的起算基准。洞内 CPⅡ控制网要求沿线路方向每隔 400m 左右布设一个控制点或每隔 400m 左右布设一对点（两个点），控制点一般布设在隧道洞内排水沟侧墙顶面，最好采用强制对中标志。洞内 CPⅡ控制网只能采用全站仪的导线或导线网方法进行建网测量，测量的精度根据隧道的长度确定，长度在 6km 以下的隧道，测量精度为三等；6km 以上则测量精度为隧道二等。

第二节 洞内 CPⅡ控制网测量的三种方法

根据隧道的长短，洞内 CPⅡ控制网采用不同的测量方法。目前，洞内CPⅡ控制网测量一般采用符合单导线、导线环网和交叉导线网三种方法。

1．符合单导线方法

对于长度小于 2km 的短小隧道，洞内 CPⅡ控制网可以采用符合单导线的方法进行测量。符合单导线的测量网形如图 16.1 所示。

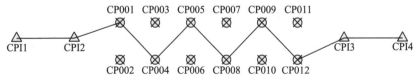

图 16.1　洞内附合单导线测量网形示意图

图 16.1 中，CPI1、CPI2 和 CPI3、CPI4 分别是隧道进出口外的洞口控制点，也即高速铁路的基础控制网（CPI）的控制点，进口或出口的两 CPI 控制点之间的间距一般为 800m 左右，两点之间要求相互通视。CP001、CP004、CP006、CP008、CP009 和 CP012 为洞内导线点，相邻导线点间的纵向间距一般为 400m 左右。符合单导线的观测值为各测站上的水平方向和相邻导线点间的水平距离，要求采用智能型全站仪进行自动测量。

2．导线环网的方法

对于长度为 2~6km 的中长隧道，洞内 CPII 控制网要求采用导线环网的方法进行测量，导线环网的测量网形如图 16.2 所示。

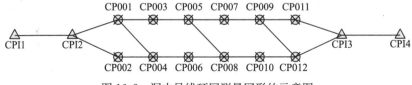

图 16.2　洞内导线环网测量网形的示意图

图 16.2 中，CPI1、CPI2 和 CPI3、CPI4 分别是隧道进出口外的洞口控制点，它们是洞内导线环网的坐标起算点。当洞内 CPII 控制网是导线环网时，洞内控制点要求成对布设，CP001、CP002、CP003、…、CP012 为洞内导线点，相邻导线点点对间的纵向间距一般为 400m 左右，要求左右侧的导线点每隔六条导线边构成一个闭合环。洞内导线环网的观测值为各测站上的水平方向和相邻导线点间的水平距离，要求采用智能型全站仪进行自动测量。

3．交叉导线网的方法

对于长度在 7km 的长大隧道，洞内 CPII 控制网要求采用交叉导线网的方法进行测量，交叉导线网的测量网形如图 16.3 所示。

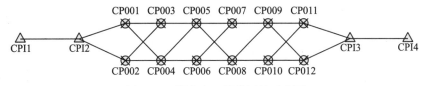

图 16.3　洞内交叉导线网的示意图

图 16.3 中，CPI1、CPI2 和 CPI3、CPI4 分别是隧道进出口外的洞口控制点，它们是洞内导线环网的坐标起算点。当洞内 CPII 控制网是交叉导线网时，洞内控制点也要求成对布设，CP001、CP002、CP003、…、CP012 为洞内导线点，相邻导线点点对间的纵向间距一般为 400m 左右。洞内交叉导线网的观测值为各测站上的水平方向和相邻导线点间的水平距离，同一点对间短边的水平方向和水平距离不需要观测，同样要求采用智能型全站仪进行自动测量。

第三节　洞内 CPII 控制网测量的技术要求

(1)洞内 CPⅡ 控制网测量的主要技术要求，应符合表 16.1 的规定。

表 16.1　洞内 CPⅡ 控制网测量的主要技术要求

控制网级别	附合长度/km	边长/m	测距中误差/mm	测角中误差/(")	相邻点位坐标中误差/mm	导线全长相对闭合差限差	方位角闭合差限差/(")	对应导线等级	备注
CPⅡ	L≤2	300~600	3	1.8	7.5	1/55 000	±3.6$\sqrt{n}$	三等	单导线
CPⅡ	2<L≤7	300~600	3	1.8	7.5	1/55 000	±3.6$\sqrt{n}$	三等	导线网
CPⅡ	L>7	300~600	3	1.3	5	1/100 000	±2.6$\sqrt{n}$	隧道二等	导线网

(2)洞内各级导线网测量的主要技术要求，应符合表 16.2 的规定。

表 16.2　导线测量的技术要求

等级	测角中误差/(")	测距相对中误差	方位角闭合差/(")	导线全长相对闭合差	测回数			
					0.5"级仪器	1"级仪器	2"级仪器	6"级仪器
二等	1.0	1/250000	±2.0$\sqrt{n}$	1/100 000	6	9	—	—
三等	1.8	1/150000	±3.6$\sqrt{n}$	1/55000	4	6	10	—

注：表中 n 为测站数。

(3)符合单导线、导线环网和交叉导线网中的水平角观测宜采用方向观测法，观测过程中的限差指标应符合表 16.3 的规定。

表 16.3   水平角方向观测法的技术要求

等级	仪器等级	半测回归零差/(″)	一测回内 2c 互差/(″)	同一方向值各测回互差/(″)
四等及以上	0.5″级仪器	4	8	4
	1″级仪器	6	9	6
	2″级仪器	8	13	9

(4)洞内各级导线网边长测量的主要技术要求，应符合表 16.4 的规定。

表 16.4   导线网中边长测量的技术要求

等级	使用测距仪精度等级	每边测回数		一测回读数较差限值/mm	测回间较差限值/mm	往返观测平距较差限值
		往测	返测			
二等	I	4	4	2	3	2mD
	II			5	7	
三等	I	2	2	2	3	2mD
	II	4	4	5	7	

注：1. 一测回是全站仪盘左、盘右各测量一次的过程；2. 测距仪精度等级为：I 级 ｜ mD ｜ ≤ 2mm，II 级 2 mm＜ ｜ mD ｜ ≤5mm；mD 为每千米测距标准偏差，即按测距仪出厂标称精度的绝对值，归算到 1km 的测距标准偏差。

第十七章　地铁工程安全全自动监测

地铁隧道施工过程中，由于土力平衡被破坏，地铁隧道容易发生沉降、水平位移变形，甚至坍塌。因此对地铁隧道进行全方位的自动化安全监测是十分必要的。自动化监测技术是基于测量机器人和监测软件，集数据采集自动化、数据传输自动化、数据处理分析自动化等为一体的监测技术。能将监测数据进行全面分析，并及时将各种变形情况反馈给施工方，为地铁隧道施工过程中应对这种变形所采取必要的保护措施提供可靠依据，对保障地铁隧道施工安全具有重要意义。

第一节　全自动监测系统

1. 全自动监测系统的组成

全自动监测系统由仪器设备和软件组成。仪器设备包括：徕卡全自动全站仪 TCA2003、棱镜、电脑、通讯电缆及供电电缆。软件包括：各分控机上的监测软件和主控机上的数据库管理软件两部分。它们的关系如图 17.1、图 17.2 所示。

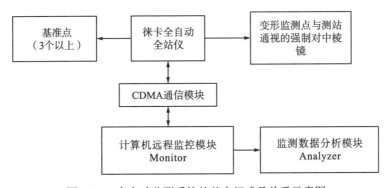

图 17.1　全自动监测系统的基本组成及关系示意图

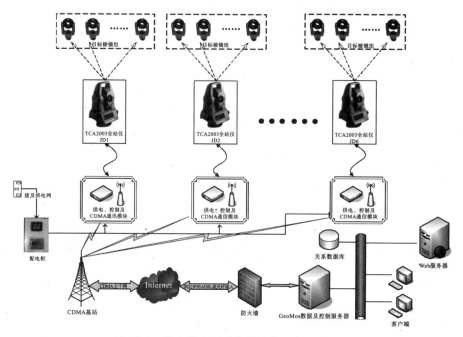

图 17.2　全自动监测系统的基本组成及关系图

2. 全自动监测系统所遵循的原则

首先要科学合理地选取监测点。在能够明显反映地铁结构局部和整体变形的位置，以及结构形式变化的部位设置监测点。全自动监测系统要能实现数据的全自动采集、数据的传输、数据的处理和预警。将测量隧道结构的三维方向即 X、Y、Z 方向的变形值准确直观地反映出来。

其次需要注意监测系统人、机和工作程序协调性，除监测设备外，必须配备结构分析、系统维护人员，保证系统正常运作和及时提供真实可靠的监测信息。

最后要严格限制监测数据的采集精度，监测点的三维方向数据精度都要优于 1mm。为了保证此精度，除了要注意监测点间构成的图形强度外，而且基准点要尽可能有 3 个及以上，这样就有多余的检核条件，确保基准点的坐标准确无误。每个监测点每次观测不少于 2 个测回数。一般来说，按每天观测至少 3 次来设置监测频率，可根据隧道结构和地质情况增加或者减少观测频率，也可根据需要随时增加监测点。每个观测周期结束后，自动计算每次观测值和形变累计值，及时对自动计算的数据进行分析整理，反馈本周期情况。

3. 基准点、测站点、监测点、监测断面的选择和布设

受隧道结构的限制，要想实现全自动化监测，基准点、测站点、监测点的

选择都非常重要，要求各点位选取科学合理。通常选取能够反映隧道结构局部或整体变形，或者处于重要结构部位的位置设置监测点，由监测点构成监测断面，通过由这些点与面的变化情况来反映隧道结构变形的实际状况。

1)测站点的选择和布设

测站点是用来安置全站仪的，位于基准点和监测点之间。应该设置在离隧道底部 1.2m 左右高的侧壁上，方便全站仪自动寻找目标。将制作好的全站仪托架安置在侧壁上，再将全站仪安置在托架上。

2)基准点的选择和布设

基准点是用来检校测站点的，只有通过基准点才能保证测站点的可靠性。分别在隧道两端设置两个基准点以校核测站点。基准点应选隧道变形的区域以外，埋设要稳固。只有在保证了基准点的稳定的前提下，测站点的位置才能准确无误，整个监测的数据成果才是可靠的。所以基准点无论是在选择上还是埋设上都要做到科学性、稳定性。

3)监测点、监测断面的选择和布设

监测点和监测断面，是反映隧道变形大小量值、方向、变化速率的基本要素，这些要素的选取主要依据隧道的结构受力和隧道结构的情况，选取原则是能够比较全面地反应地铁隧道结构全方位的变形情况。监测点一般应布置在弯矩较大或者受力容易发生变形的位置。每五个监测点构成一个监测断面，五个点均匀分布在隧道的底部、拱部侧弧和拱顶。隧道底部两个，拱部侧弧一边一个，拱顶一个。监测断面尽可能在监测范围内的隧道中均匀分布，通常每隔 10~15m 布置一个是比较合理的。这样，就能较容易沿隧道方向找出变形变化规律，通过各断面之间在水平方向的变化情况反映出隧道局部和整体的变形情况。监测点和监测断面分布如图 17.3 所示。

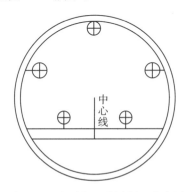

图 17.3　监测点和监测断面分布图

4. 全自动监测系统的数据传输和计算原理

1)数据传输原理

全自动监测系统是集数据自动采集、数据自动传输、数据自动分析等为一体的多功能监测系统。通过 CDMA 模块将全站仪采集的数据传到远程计算机，再通过监测数据分析模块进行处理。网络设备是由网线和网络交换机组成。数据的传输是通过主控计算机通过网络设备与分控计算机连接实现的。数据的传输采用局域网技术，通过 GPRS 信号，将数据传输到远程计算机上。该技术具有网络断开的自动判断识别功能，实现数据的全自动传输。保证了数据在传输时不受干扰，确保了所传输的数据真实可靠(图 17.4)。

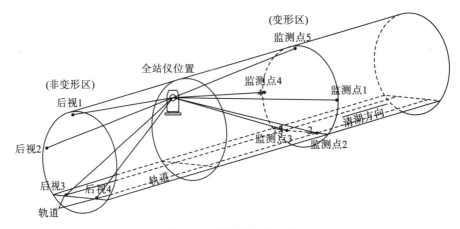

图 17.4　数据传输分布图

2)数据计算原理

在每个观测周期开始前，通过控制软件，先对基准点进行四个测回的观测，机载软件自动测出测站点的坐标。在监测系统中，在对基准点进行检校时，引入多重实时差分技术 Cardiff(multiple real-time difference)有效消除外界误差的影响，从而提高监测精度。利用基准点坐标，采用多重实时差分技术求各变形点的坐标变化量。

这一步完成后，全站仪将自动对监测点进行照转、调焦、照准和读数，将观测数据传给监测软件进行分析处理。

5. 警戒值的设定原则

警戒值是当地铁隧道形变允许值或者单位时间允许变化量超过安全范围时的临界值。警戒值的设定要满足现行的相关规范、规程的要求；满足设计计算的要求；满足监测对象的安全要求，达到保护的目的；满足环境和施工技术的要求，以实现对环境的保护；满足各保护对象的主管部门提出的要求；当形变量超过警戒值时，监测系统会自动发出预警提示，及时通知施工方。警戒值是严格按照国家对地铁工程和变形观测规范的要求设定的，不能人为更改。警戒值的设定对地铁隧道的安全监测起到了很好的保护作用。

第二节　地铁安全全自动监测实例分析

1. 工程概况

成都地铁 1 号线南延线工程(世纪城站—广都北站段如下图所示)始于一期工程世纪城站出站端,由北向南敷设于天府大道西侧,出华阳站后,线路向东拐向商业大道和产业大道南侧规划道路,止于广都北站。南延线工程线路全长 5.41km,全为地下线,共设车站 5 座,其中换乘站 2 座(在科技园站与规划 12 号线换乘、在华阳北站与规划 6 号线换乘)。最大站间距为 1.262km(广都北站至华阳北站);最小站间距为 0.936km(世纪城站至科技园站),平均站间距 1.059km。在线路南端设东寺停车场 1 处,出入场线全长 1.014km(图 17.5)。

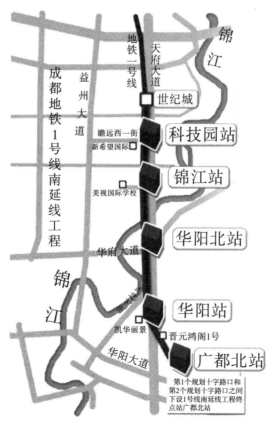

图 17.5　成都地铁 1 号线南延线工程线路示意图

2. 监测方案设计

1)技术要求

监测系统可以自动进行 24 小时全天候连续监测。监测贯穿整个施工过程以及完工后的运营阶段。实时提供变形点全方位变形信息(三维坐标),变形点三维坐标的监测精度优于 1mm。为确保地铁结构后续施工的进度和测量人员的安全,监测系统需要能够做到全自动监测、无人值守、远程控制和数据传输。以地铁结构安全监测为主,选取反映地铁隧道结构局部、整体变形和处于重要结构部位的位置设置监测点,布置监测仪器设备,建立监测系统。用瑞士徕卡TCA2003 或 TCA1201+自动测量仪器和国内外先进成熟的自动监测系统软件建立自动监测系统。监测系统能够远程监控管理和自动变形预报。各项技术要求均参照国家标准或相关国家、行业现行标准测量规范、强制性标准和地方标准。

2)仪器设备投入及简介

此次监测所投入的仪器设备均采用国内外先进的仪器和软件,确保了监测的准确性和可靠性。投入的仪器设备清单如表 17.1 所示。

表 17.1　投入仪器设备一览表

序号	仪器、设备名称	数量	规格型号	备注
1	全站仪	2	徕卡 TCA2003	0.5″,1mm+1ppm
2	供电系统	2		
3	无线数据通讯模块	2	徕卡	
4	Geo Mos 监测软件	1	徕卡	
5	监测点及基准点棱镜	54	徕卡小棱镜	
6	仪器设备托架	2		
7	强制对中盘	2		

其中徕卡 TCA2003 全站仪就是测量机器人,是具有目标自动识别与照准功能全站仪的俗称。它能够自动整平、自动调焦、自动正倒镜观测、自动进行误差改正、自动记录观测数据。它具备自动目标识别(automatic target recognition,ATR)和自动照准功能,如采用徕卡标准圆棱镜可达 1km。TCA2003 精度指标为:测角精度 0.5″、测距精度 1mm+1ppm。其独有的 ATR模式,使全站仪能进行自动目标识别,操作人员只需要粗略瞄准棱镜后,全站仪就可以自动搜寻到目标,并自动瞄准,不再需要精确瞄准和调焦,大大提高工作效率。

Geo Mos 监测软件是一种专门的监测软件,它是与 TAC 全站仪配套的,能在 Windows 平台下运行。数据存储在 SQL Server 数据库中,可以根据操作者预先设定好的程序，对测量过程和选定的基准点、观测点进行相应的处理，还可以快速建立基准点、观测点的三维坐标、位移量和其他的相关数据，实现数据的快速存储、检查编辑和显示图形。它还可以自动测量湿度、压力和温度，并将这些改正加入后续的数据处理中，其独特的数据改正模型和测量的复杂流程大大提高了精度。为了实时获取变形点、测站点的三维坐标，Geo Mos 监测软件包括变形点监测软件和动态基准实时测量软件两大部分。

　　a．动态基准实时测量软件

　　动态基准实时测量软件是用来获取各测站点实时坐标数据，其基本原理是实现整个控制网点位三维坐标的全自动测量。由于测站点是位于变形区域中的，为了实时求得测站点的三维坐标，所以把测站点也纳入到了控制网中，整个控制网的基准点位于变形区域之外。

　　动态基准实时测量软件主要是根据距离和棱镜布的布设情况自动进行调焦。可以对测站点的观测方向点进行可分组设置，这是根据所布设的控制网网形以及站与站之间的关系来确定的。这个功能对任意网型都适合，而不仅仅是导线网。各项时间延迟、测量限差、坐标修正、重试次数的设置均可以满足各种不同等级测量和监测环境的需要。

　　b．变形点监测软件

　　变形点监测软件是由主控机上的数据库管理软件和各分控机上的监测软件两部分组成的。

　　分控机上的监测软件是用来控制测量机器人按要求的测量限差、观测时间、观测的点组进行测量，将测量的点位三维坐标存储到主控机的管理数据库中。该软件保留了变形监测软件 ADMS 很大一部分功能，还根据网络监测系统的需要，对管理数据库进行了升级和优化。此外，为了适应在隧道环境下多个变形点的监测，在监测软件中，新还增加了可根据点名进行大小视场切换的功能。测量机器人在对远处目标进行识别时，可能会在视场中出现不止一个棱镜，这个时候就必须要开启测量机器人的这个功能。

　　数据库管理软件是用来管理各分控机传输过来的数据的，它能够将这些数据通过多重差分技术，求解出各个变形点三维坐标的变化量，并且把这些变形数据通过曲线图形显示出来，把各点变形量以报表形式报表输出。

　　3）仪器设备安装

　　a．徕卡 TCA1201 全站仪的安装

　　在隧道中为了实现自动监测，不能使用脚架，而只能使用托架。将预先制作好的托架安装在离隧道底部 1.2m 左右的高度，方便仪器自动寻找和找准目标。托架安装好后，将仪器安置在托架的强制对中器上。需要注意的是托架必须安装牢固，不能有任何松动，如果托架有松动将直接影响测站点的不变性，监测数据就是不可靠的。仪器安置好后，接入电源即可，如图 17.6 所示。

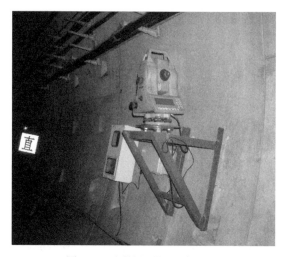

图 17.6　测量机器人现场照片

b. 棱镜的安置

用膨胀螺丝打入基点、监测点所在的位置上，用植筋胶固定，再将徕卡小棱镜固定在膨胀螺丝上，图 17.7 为徕卡小棱镜现场照片。

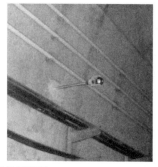

图 17.7　徕卡精密棱镜现场照片

4)计算机及其他硬件设备的安装调试

将计算机、传感器用数据线、电缆线连接起来，调试设备各项功能是否正常运行。按照技术设计设定好观测程序、警戒值、预警值和其他参数。警戒值根据实际情况按表 17.2 参数进行设置：

表 17.2　警戒值参数表

结构变形控制指标	判定内容	警戒值(累计值)	警戒值
左右轨道差异沉降	差异沉降	4mm	2.8mm
纵向差异沉降	差异沉降	4mm/10m	2.8mm
轨行区道床和侧壁壁	累计变形值	10mm 或速率 0.5mm/天	7.0mm

5)GeoMos 监测软件远程监控设置

GeoMos 监测软件远程监控设置包括监测系统和分析系统的设置。检测系统主要是控制监测数据的采集和传输；分析系统则主要是对监测数据进行分析处理和监测成果的输出。

3. 信息化成果反馈

此次监测实现了监测过程的信息化，建立了快捷、顺畅的信息反馈渠道，可通过手机短信、电子邮件等将监测信息及时、准确地将与施工过程有关的监测信息反馈给施工方，供设计、施工及有关工程技术人员决策之用，最终实现

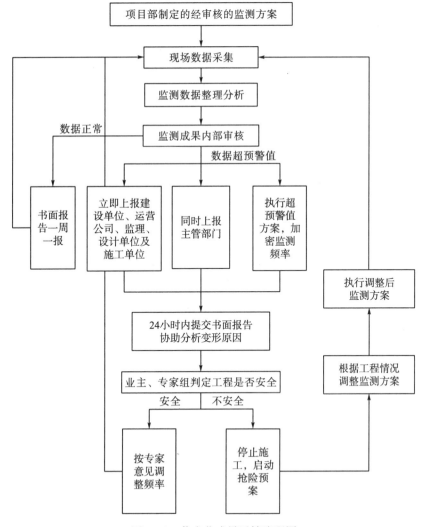

图 17.8　信息化成果反馈流程图

信息化施工。为实现顺畅、快捷地反馈监测信息的目的，如果在处理计算过程中发现监测数值过大，达到或者超过了警戒值，那么将迅速通知各方，并组织专家组、业主、设计等一起分析形变量超过警戒值产生的原因，商讨合理方案，决定采取相应的措施，直到危险解除，可以施工为止。监测反馈流程图如图17.8所示。通过信息化反馈界面，可从通讯录，选择收信人，选择短信类型，输入短信内容，点击发送即可。信息发布模块，通过信息发布模块，用户可以将选定工程的本期或历史监测结果，以 Email 的形式发送出去，当监测项目达到预警标准值时，系统会在工程目录导航树和监测点布置平面图上以红点闪烁的方式提醒用户。同时，通过设置接收对象，系统会自动发送短信提醒用户。

　　同时，经过 GeoMos 监测软件对数据的处理，通过图像、报表的形式，将监测的成果反馈出来(图 17.9～图 17.12，表 17.3～表 17.4)。

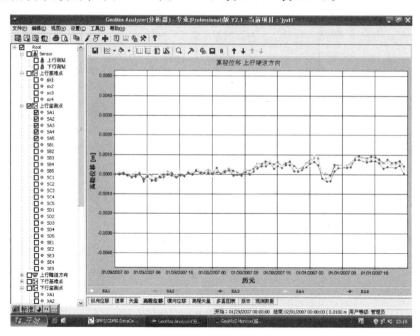

图 17.9　形变曲线效果图

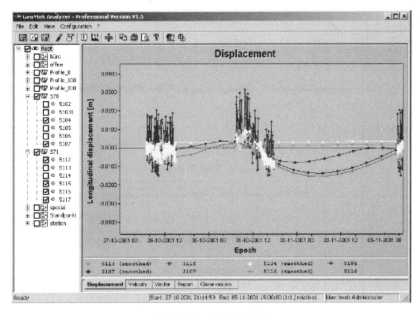

图 17.10 形变位移图

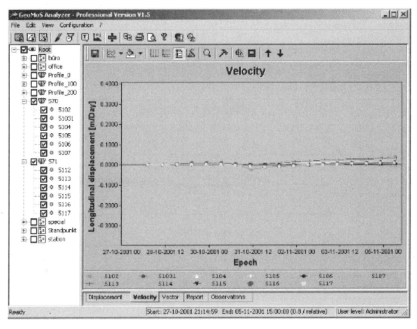

图 17.11 形变速率图

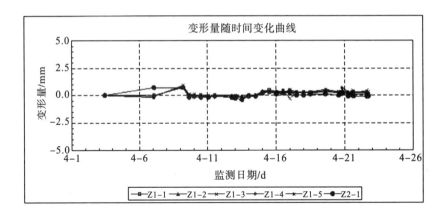

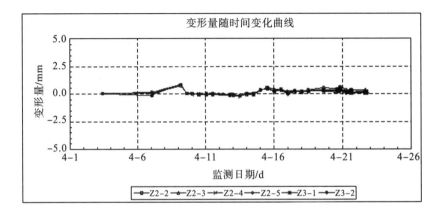

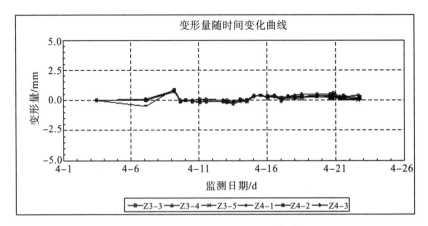

图 17.12　竖向位移随时间变化曲线图

表 17.3　自动监测情况综述表

监测时段	2013-4-14　12:05		至		2013-4-22　17:20		
监测项目		变形最大点点号	上次累计变形值/mm	本次累计变形值/mm	本次变形值/mm	是否超出警戒值	附表
高程位移	累计最大	Z8-1	0.2	0.4	0.2	否	表-1LMS-SX-Z-Z
	本次最大	Z5-2	−0.1	0.3	0.4	否	
横向位移	累计最大	Z1-3	0	−0.5	−0.5	否	表-1LMS-HX-Z-Z
	本次最大	Z4-2	0.1	−0.5	−0.6	否	
纵向位移	累计最大	Z1-4	0.1	−0.6	−0.7	否	表-1LMS-ZX-Z-Z
	本次最大	Z1-4	0.1	−0.6	−0.7	否	
监测项目		同一断面道床沉降差/mm		相邻断面道床沉降差/mm		是否超出警戒值	备注
最大沉降差		Z3-1~Z3-2	0.2	Z7-1~Z8-1	0.3	否	表-1LMS-CJC-Z-Z
监测结果分析		本监测时段内，1号线骡马市站上行线结构变形自动监测变形值、同一断面道床沉降差、相邻断面道床沉降差相对较小，均未超报警值。目前，该监测对象仍处于安全可控状态。					
备注							

表 17.4　竖向位移监测成果

工程名称	成都地铁4号线骡马市站施工期间1号线地铁结构监测（上行线）	工程地点	1号线骡马市站内
监测单位		监测仪器	型号 TS15A/编号 1619542
本周监测日期	2014-4-22-17:20	首次监测日期	2014-4-3-10:28
上周监测日期	2014-4-14-12:05	与首次监测间隔	19.3
监测点号	上周累计变形值/mm	本周累计变形值/mm	本周变形/mm	是否超出警戒值
Z1-1	−0.10	0.10	0.20	否
Z1-2	0.00	0.20	0.20	否
Z1-3	0.00	0.30	0.30	否
Z1-4	0.00	0.20	0.20	否
Z1-5	0.00	0.00	0.00	否
Z2-1	−0.10	−0.10	0.00	否
Z2-2	0.00	0.00	0.00	否

监测点号	上周累计变形值 /mm	本周累计变形值 /mm	本周变形/mm	是否超出警戒值
Z2-3	−0.10	0.20	0.30	否
Z2-4	−0.10	0.20	0.30	否
Z2-5	−0.10	0.00	0.10	否
Z3-1	0.00	0.00	0.00	否
Z3-2	0.00	0.20	0.20	否
Z3-3	0.00	0.10	0.10	否
Z3-4	0.00	0.20	0.20	否
Z3-5	−0.10	0.10	0.20	否
Z4-1	−0.10	0.20	0.30	否
Z4-2	−0.10	0.10	0.20	否
Z4-3	0.00	0.30	0.30	否
Z4-4	−0.10	0.10	0.20	否
Z5-1	−0.10	0.10	0.20	否
Z5-2	−0.10	0.30	0.40	否
Z5-3	−0.10	0.20	0.30	否
Z6-1	−0.10	0.20	0.30	否
Z6-2	−0.10	0.20	0.30	否
Z6-3	−0.10	0.20	0.30	否
Z7-1	−0.10	0.10	0.20	否
Z7-2	−0.10	0.30	0.40	否
Z7-3	−0.10	0.30	0.40	否
Z8-1	0.20	0.40	0.30	否
Z8-2	−0.10	0.20	0.30	否
Z8-3	−0.10	0.20	0.30	否
最大值	0.20	0.40	0.40	
最小值	−0.10	−0.10	0.00	

备注：1. 表中正值表示上升，负值表示下沉；2. 报警值：±10mm，预警值：±7mm。

参 考 文 献

陈秀忠，等. 2013. 工程测量. 北京：清华大学出版社.

冯大福. 2014. 建筑工程测量. 天津：天津大学出版社.

河南城建学院工程测量教研室. 2011. 工程测量实习指导书(讲义).

胡伍生，潘庆林. 2012. 土木工程测量(第4版). 南京：东南大学出版社.

李青岳，陈永奇，等. 2008. 工程测量学. 北京：测绘大学出版社.

李玉宝，等. 2006. 测量学(第3版). 成都：西南交通大学出版社.

李玉宝，等. 2009. 大比例尺数字化测图技术(第3版). 成都：西南交通大学出版社.

李玉宝，兰济昀，宋怀庆. 2012. 测量学实验与习题. 成都：西南交通大学出版社.

秦长利，等. 2008. 城市轨道交通工程测量. 北京：中国建筑工业出版社.

王金玲，等. 2013. 工程测量(测绘类). 武汉：武汉大学出版社.

武汉测绘科技大学《测量学》编写组. 1991. 测量学(第3版). 北京：测绘出版社.

伊晓东. 2008. 道路工程测量. 大连：大连理工大学出版社.

张坤宜. 2005. 交通土木工程测量(第4版). 北京：人民交通出版社.

张正禄，等. 2008. 工程测量学习题、课程设计和实习指导书. 武汉：武汉大学出版社.

张正禄. 2013. 工程测量学. 武汉：武汉大学出版社.

赵国忱. 2011. 工程测量. 北京：测绘出版社.